四大发明的故事

中华少年信仰教育读本编写委员会 / 编著

信仰创造英雄　信仰照亮人生

中国出版集团有限公司

世界图书出版公司
北京　广州　上海　西安

图书在版编目（CIP）数据

四大发明的故事 / 中华少年信仰教育读本编写委员
会编著 . — 北京：世界图书出版公司，2016.5（2024.5 重印）
　　ISBN 978-7-5192-0882-0

　　I. ①四… 　II. ①中… 　III. ①技术史—中国—古代—
青少年读物 　IV. ① N092-49

中国版本图书馆 CIP 数据核字 (2016) 第 049027 号

书　　名	四大发明的故事
	SI DA FAMING DE GUSHI
编　　著	中华少年信仰教育读本编写委员会
总 策 划	吴　迪
责任编辑	王　鑫
特约编辑	邰迪新
出版发行	世界图书出版有限公司北京分公司
地　　址	北京市东城区朝内大街 137 号
邮　　编	100010
电　　话	010-64033507（总编室）　　（售后）0431-80787855　　13894825720
网　　址	http://www.wpcbj.com.cn
邮　　箱	wpcbjst@vip.163.com
销　　售	新华书店及各大平台
印　　刷	北京一鑫印务有限责任公司
开　　本	165 mm×230 mm　　1/16
印　　张	11
字　　数	143 千字
版　　次	2016 年 8 月第 1 版
印　　次	2024 年 5 月第 5 次印刷
国际书号	ISBN 978-7-5192-0882-0
定　　价	45.00 元

序　言

信仰是什么？

列夫·托尔斯泰说："信仰是人生的动力。"

诗人惠特曼说："没有信仰，则没有名副其实的品行和生命；没有信仰，则没有名副其实的国土。"

信仰主要是指人们对某种理论、学说、主义或宗教的极度尊崇和信服，并把它作为自己的精神寄托和行动的榜样或指南。信仰在心理上表现为对某种事物或目标的向往、仰慕和追求，在行为上表现为在这种精神力量的支配下去解释、改造自然界和人类社会。

信仰，是一个人在任何时候都不能丢的最宝贵的精神力量。人有信仰，才会有希望、有力量，才会树立正确的价值观，沿着正确的道路前行，而不至于在多元的价值观和纷繁复杂的世界中迷失方向。

信仰一旦形成，会对人类和社会产生长期的影响。青少年是社会的希望和未来的建设者，让他们从普适意识形成之初就接受良好的信仰教育，可以令信仰更具持久性和深刻性，可以使他们在未来立足于社会而不败，亦可以使我们的伟大祖国永远立于世界民族之林。

事实上，信仰教育绝不是抽象的、概念化的教育，现实生活中，我们有无数可以借鉴的素材，它们是具体的、形象的、有形的、活生生的，甚至是有血有肉的。我们中华民族有着几千年的辉煌历史，多少仁人志士只为追求真理、捍卫真理，赴汤蹈火，前仆后继；多少文人骚客只为争取心中的一方净土，只为渴求心灵的自由逍遥，甘于寂寞，成就美名；多少爱国志士只为一个"义"字，不惜抛头颅、洒热血。他们如滚滚长江中的朵朵浪花，翻滚激荡，生生不息，荡人心魄。如果我们能继承和发扬这些精神和信仰，用"道"约束自己的行为，用"德"指导人生的方向，那么我们的文明必将更加灿烂，我们的国运必将更加昌盛。

正基于此，"中华少年信仰教育读本系列丛书"应运而生。除上述内容外，本丛书还收录了中国人民百年来反对外来侵略和压迫，反抗腐朽统治，争取民族独立和解放，前赴后继，浴血奋斗的精神和业绩，尤其是中国共产党领导全国人民为建立新中国而英勇奋斗的崇高精神和光辉业绩；不仅有中国历史上涌现出的著名爱国者、民族英雄、革命先烈和杰出人物，还有新中国成立以后涌现出的许许多多的英雄模范人物。

阅读这套丛书，能帮助青少年树立自己人生的良好的偶像观，能帮助青少年从小立下伟大的志向，能帮助青少年培养最基本的向善心，能帮助青少年自觉调节自己的行为，能帮助青少年锁定努力的方向，能帮助青少年增加行动的信心和勇气。

习近平总书记说："人民有信仰，民族才有希望，国家才有力量。"因此我们有理由相信：少年有信仰，国家必有希望。

中华少年信仰教育读本编写委员会

在灿烂辉煌的中国古代科技发明中，闪耀着四颗光彩夺目的巨星，这就是指南针、造纸术、印刷术和火药四大发明。它们都由中国人发明，然后传播到世界各地，对人类的科技事业和文明的发展，起到了无可估量的巨大推动作用。这四大发明，充分显示了中国人的创造能力，是对人类的重大贡献，永远值得世人尊敬。

历史的定论

中华文明有很多重要的成就都以"几大"等命名的，如四大古典小说。而四大发明的概念来源于西方学者，之后被中国人所接受。

早在公元 1550 年，意大利数学家杰罗姆·卡丹第一个指出，中国对世界所具有影响的"三大发明"是：司南（指南针）、印刷术和火药。他认为，这三大发明是"整个古代没有能与之相匹敌的发明"。

公元 1620 年，英国哲学家培根也曾在《新工具》一书中提到："印刷术、火药、指南针这三种发明已经在世界范围内把事物的全部面貌和情况都改变了。"

公元 1861—1863 年，马克思和恩格斯更将这些发明的意义推到了一个高峰。马克思在《机械、自然力和科学的运用》中写道："火药、指南针、印刷术——这是预告资产阶级社会到来的三大发明。火药把骑士阶层炸得粉碎，指南针打开了世界市场并建立了殖民地，而印刷术则变成了新教的工具，总的来说变成了科学复兴的手段，变成对精神发展创造必要前提的最强大的杠杆。"

恩格斯则在《德国农民战争》中明确指出："一系列的发明都各有或多或少的重要意义，其中具有光辉的历史意义的就是火药。现在已经毫无疑义地证实了，火药是从中国经过印度传给阿拉伯人，又由阿拉伯人和火药武器一道经过西班牙传入欧洲。"

英国汉学家麦都思指出："中国人的发明天才，很早就表现在多方面。中国人的三大发明——航海罗盘（司南）、印刷术、火药，对欧洲文明的发展，提供了异乎寻常的推动力。"

来华传教士、汉学家艾约瑟最先在上述三大发明中加入造纸术，他在比较日本和中国时指出："我们必须永远记住，他们（指日本）

没有如同印刷术、造纸、指南针和火药那种卓越的发明。"这个发明清单被后来著名的英国生化学家、历史学家和汉学家李约瑟发扬光大。

由此可知，中国三大发明的提法最初是源于西方，是一些西方学者对中国古代几项发明对人类文明特别是近代西方文明的影响所作的评价。这种提法既有经典意义，也有其特定的背景和涵义。

目前，传统的"四大发明"定论正随着时代的发展，悄然发生了改变。

北京奥运会期间，历经一年多筹备期的《奇迹天工——中国古代发明创造文物展》在中国科技馆新馆开展。这次大展由国家文物局和中国科协联合主办，重新定义的"新四大发明"——丝绸、青铜、造纸印刷和瓷器首次集体亮相，一经展出，立刻受到了极大的欢迎。

中国古代四大发明早已妇孺皆知，美名远播海外。如今，重新定义的"新四大发明"完全颠覆了中国古代四大发明的地位，竟有些让人诧然。

承担丝绸部分的主要策展人、中国丝绸博物馆副馆长赵丰向记者表示，原来的"四大发明"，已不能完全代表中国古代科技的最高水平。而这次展览，则是"新四大发明"的首次集体亮相。

　　据赵丰介绍，所谓"新四大发明"，是与舶来的四大发明而言的。传统的四大发明一经被提出，就有学者提出新观点。世界著名科技史家李约瑟博士曾经列举了中国传入西方的 26 项技术，认为中国重要的发明技术不止这四大发明。

　　丝绸是中国古代重要的创造发明之一，与其他创造发明相比，

有着出现最早、应用最广、传播最远、技术最高四大特点。它出现在新石器时代，与中华文明同岁；它衣被天下，服务众生；它传播世界，丝绸之路成为东西方交流的通道；它的技术含量最高，发明创造点极多。

　　在这一展览里，丝绸部分着重展示了六项在世界纺织史上独领风骚的发明专利。一是把野桑蚕驯化为家蚕，这是生物学史上极为重要的创新，人类历史上只有家蚕和蜜蜂两种昆虫被驯化。二是发

明踏板织机，此后"机"字不仅成为所有机械和机器的总称，而且成为机智、机敏、机灵等聪敏智慧的代词。三是一整套织物结构系统，正是由于这一套结构的设计，才出现了绫罗绸缎锦等各种丝织品种。四是控制图案循环的提花程序，这是丝织技术中最为神奇的部分。这种线编而成的花本传到欧洲之后发展成打孔的纸版，进而对电报和早期计算机器的发明产生影响。五是夹缬，这种在唐玄宗时期就已发明的多彩防染印花技术一直流传到今天。六是锁绣，虽然只是一种手工技艺，但在世界刺绣艺术之林独树一帜。

印刷造纸术与丝绸紧密相关。最早的印刷术在汉代用在丝绸上，到了唐代才出现在纸上的雕版印刷。另外，最早的纸是丝纤维形成的薄层，后来加入其他植物纤维后，才成为有一定强度、可用于书写的纸。

不管"四大发明"的有关定论是否改变，中国古代四大发明在人类文明史上所创造出来的辉煌与成就是无法抹去的。

四大发明的古今演变

2008 年北京奥运会开幕式上，中国古代的四大发明——火药、指南针、造纸术、印刷术成了开幕式演出中介绍中国古文明的一大主题。

作为中华民族对世界文明的伟大贡献，四大发明深刻影响了世界文明的进程。几千年过去了，这四大发明对中国的发展有什么影响，与之相关的产业又是怎么样的呢？

火　药

据中国史料记载，早在公元前 1 世纪，中国就发明了火药，只用来制药。到 9 世纪末，中国出现了黑色火药。黑色火药最先是被用来制造烟花爆竹。中国人总会在节日庆典的时候，燃放烟花爆竹来庆贺，这已经成了中国的一种传统文化。到了 10 世纪，黑色火药开始用来制造武器，火药兵器大量在战场上出现。火药兵器主要有火药箭、火枪和火炮。一直到 18 世纪西方列强侵略中国时，中国军队还在用这种火炮和火枪抵抗。

13 世纪，火药和火药武器由商人经印度传入阿拉伯国家，后又由阿拉伯人经过西班牙传入欧洲。火药武器在欧洲城市市民反对封建斗争中发挥了巨大作用。随着资本主义的发展，新的精锐的火炮在欧洲的工厂中制造出来，装备着威力强大的舰队，扬帆出航，去征服新的殖民地。可以说，火药的发明推进了世界历史的进程。

在 17 世纪，火药又被用于采矿，使大规模地开采矿产成为可能，带动了近代的采矿业和冶炼业的发展。因此说，火药也推动了世界工业的向前发展。

　　19世纪，随着欧洲黄色火药的出现，黑色火药不再被用于军事。之后，黑色火药主要被用于采矿和生产烟花爆竹。

　　火药的发明还给人类带来了另一个贡献，那就是应用于航天事业。在14世纪末期，中国有个叫万户的人，把47个自制的火药箭绑在椅子上，自己坐在椅子上，双手举着大风筝，设想利用火药箭的推力飞上天空，然后利用风筝平稳着陆。不幸火箭爆炸，万户也为此献出了生命。20世纪70年代的一次国际天文联合会上，月球上一座环形山被命名为"万户"，以纪念"第一个试图利用火箭作飞行的人"。

　　如今中国的航天事业取得了巨大成就，中国有多种型号的长征系列运载火箭，能够满足不同高、中、低轨道的要求，能将卫星送到月球上去。长征系列运载火箭，将中国自行研制的70余颗空间飞行器送入预定轨道，成功发射了28颗外国制造的卫星，已在国际商业卫星发射服务市场上占有一席之地。

指南针

公元前 5 世纪，世界上最早的指南针在中国出现。这是一个用天然磁石制成的，样子类似一把圆底汤勺的东西，可以放在平滑的盘上并保持平衡，而且可以自由旋转。当它静止的时候，勺柄会指向南方。中国人称最早的指南针为"司南"。

10 世纪，人们掌握了制造人工磁体的技术，发明了指南鱼。这种用人工传磁方法制成的指南鱼使用起来比司南方便多了，只要有一碗水，把指南鱼放在水面上就能辨别方向了。后来，人们又把钢针在天然磁体上摩擦，钢针也有了磁性。这种经过人工传磁的钢针可以说是正式的指南针了。

指南针在古代主要被用于风水行业，在建筑房屋或者找墓地时，风水先生会用指南针辨别吉凶，确定房屋和墓地的朝向，这种方法一直到现在还在中国一些农村被使用。

指南针也被用于航海，军事家常用磁来确定方位。

大约 10 世纪的时候，阿拉伯人从与中国商船交往中学会了使用指南针来导航。约在 12 世纪，指南针经由阿拉伯人传播到了欧洲。指南针在航海上的应用，导致了后来哥伦布发现美洲新大陆和麦哲伦的环球航行。

指南针帮助西方打开了世界市场，这大大加速了世界经济发展的进程，为资本主义的发展提供了条件。

目前，中国在测定方位方面已经有了更现代的工具——北斗卫星导航系统。2000年10月和12月，中国两颗北斗导航试验卫星先后发射成功。北斗导航系统可以为导弹、飞机、船舶、卫星以及个人导航。目前，北斗导航系统在交通运输、海上安全与管理、农田墒情监测、煤矿安全生产监控、水文测报、森林防火、气象观测等领域得到了成功应用，取得了良好的社会效益和经济效益。2007年，中国北斗导航系统与美国GPS、俄罗斯格罗纳斯和欧盟伽利略系统一起被联合国确认为全球卫星导航系统"核心供应商"。

指南针的使用并没有被淘汰，许多野外探险者在携带GPS的同时，也会准备一个指南针。当然，这个指南针已非过去"司南"那样，而是和一个纽扣一样大小了。许多运动手表会在表扣上装一个指南针，便于携带和使用。

造纸术

造纸术可能是延续性最强的古代发明了。目前，在中国仍有人用这种方法造纸，而且许多环境保护者在反对现代造纸技术带来污染的同时，呼吁回归古法造纸，原因是这种造纸方法是零污染。

据史料记载，公元105年，有个叫蔡伦的人总结前人经验，以树皮、麻头、破布、旧渔网等为原料造纸，扩大了纸的原料来源，降低了纸的成本。此后，纸得以大量生产。

在蔡伦的造纸术出现之前，人们曾用甲骨、青铜器、竹简、木牍、绵帛等作为记事材料。由于这些材料太昂贵，只有皇宫贵族才用得起，平民百姓根本无法学到文化。蔡伦造纸术出现之后，记事的材料改为了纸，平民百姓买得起纸，自己也可以造纸，为文化的传播创造了有利的条件。

到了宋代，中国人开始用稻、麦草造纸。清代中期，中国手工造纸已相当发达，纸的质量好，品种繁多。

历史资料表明，造纸术于公元 7 世纪初期开始东传至朝鲜、日本，8 世纪传入阿拉伯，10 世纪传到大马士革、开罗，11 世纪传入摩洛哥，13 世纪传入印度，14 世纪传到意大利。意大利的很多城市都建了造纸厂，成为欧洲造纸术传播的重要基地，从那里再传到德国、英国。造纸术的发明与传播，使文字的载体成本得到了大幅度的下降，知识在平民中的普及得以实现，从而极大地推动了世界科技、经济的发展。

1990 年 8 月 18 日至 22 日，在比利时马尔梅迪举行的国际造纸历史协会第 20 届代表大会上，代表们一致认定，蔡伦为造纸术的伟大发明家。

印刷术

古代印刷术与现在的印刷技术相比，是四大发明中最没有承续性的一个。因为现代的印刷技术已经进入了一个光和电的时代。

大约在公元 1 世纪左右，中国最早的雕版印刷出现。雕版印刷一版能印几百部甚至几千部书，对文化的传播起了很大的作用，但是刻版费时费工，大部头的书往往要花费几年的时间，存放版片又要占用很大的地方，而且常会因变形、虫蛀、腐蚀而损坏。印量少而不需要重印的书，版片就成了废物。此外雕版发现错别字，改起来很困难，常需整块版重新雕刻。

公元 1004 年至 1048 年间，有个叫毕昇的刻字工人，改进了雕版印刷术，改进之后的印刷术叫做活字印刷术。

这种印刷方法虽然简单原始，却与现代铅字排印原理相同，使印刷技术进入了一个新时代。后来，中国又出现了木活字、金属活字和泥活字，使活字印刷得到了改进。

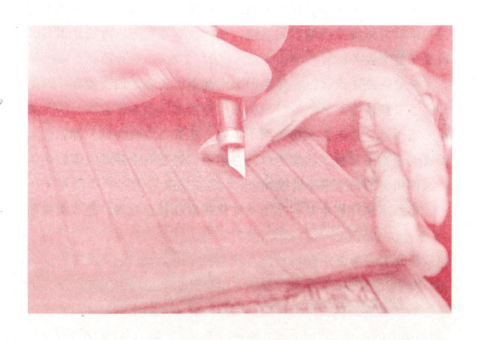

据史书记载，公元 8 世纪中国的雕版印刷技术传入日本和朝鲜，木活字技术大约 14 世纪传入朝鲜、日本，后又由新疆经波斯、埃及传入欧洲。印刷术传到欧洲后，改变了原来只有僧侣才能读书和接受较高教育的状况，为欧洲的科学从中世纪漫长黑夜之后突飞猛进发展以及文艺复兴运动的出现，提供了一个重要的物质条件。

伟大与尴尬

在《辞海》中，对"四大发明"的解释为：纸、印刷术、指南针和火药，都由中国人发明，然后相继传入世界各地，是中国对于世界文明的四大贡献。

四大发明对于中国人来说，如数家珍。而它在西方人眼里，则是东方古老文明的代名词。墙内开花墙外香，以此来形容中国古代四大发明对世界文明进程的影响，是最恰当不过的。它以巨人般的力量推动着欧洲文明的车轮飞快向前，改变了欧洲，改变了世界，改变了整个人类。

然而，到了近代，让每个中国人都引以为豪的四大发明，渐渐地多了一些尴尬。

造纸术，让人类文明告别了笨重，从此可以轻快地飞翔；让人类文明告别了昂贵，从此可以随意遨游。这是一个质的飞跃，是人类文明史上的一个重要里程碑。

造纸术和印刷术共同推动着文化传播和社会发展，把人类文明

推向一个新的高峰。

　　纸从中国出发，经过 2000 年的环球旅行，传遍五大洲；印刷术则先后传播到亚洲和欧洲各国。它们走出中国，为世界文明的发展作出了中国人的贡献。尤其是在欧洲。造纸术和印刷术的西传，使中古时的欧洲人在黑暗中找到了一线光明。它们掀开了欧洲发展史上辉煌的一页，开启了一个新的文明——资本主义文明，从此人类迈入近代。

　　弗朗西斯·培根约在公元 1600 年说过，在火药、印刷术和指南针这三项发明中，火药的发明对于人类历史所起的影响最大。在中国，火药的社会功效似乎并不明显，爱好和平的中国人把火药主要用于烟火和鞭炮，虽然也利用它制造火器，如火枪、火炮等，但大多数还是用于王公贵族的狩猎玩乐中，有时也用于一些战事，仅仅是些零星之火。

　　可是，火药经阿拉伯人传到欧洲，它竟然创造了一个奇迹。欧洲人的智慧和野心把火药的威猛发挥得淋漓尽致。欧洲给火药一个用武之地，火药还欧洲一个历史性的辉煌。

火药在震惊欧洲人智慧之余，也惊醒了他们内心深处的野心。于是，火药的悲哀开始了。欧洲人用火药制造了大批洋枪洋炮，开辟出一条通向东方文明的"康庄大道"，印度、菲律宾、伊朗、土耳其……一个个殖民地，一个个欧洲人野蛮征服、疯狂掠夺的冒险乐团，东方在欧洲的肆虐中，遍体鳞伤，千疮百孔。几千年灿烂的东方文明暗淡下来，世界的重心由东方转移到了西方。

　　1842年，欧洲人用中国发明的指南针指引方向，耀武扬威来到中国的南大门，用中国发明的火药制造枪炮，叩开了中国关闭几百年的国门；令人难过的是，火药发明者的子孙们却挥舞着大刀长矛与强盗的洋枪洋炮浴血奋战、奋力抵抗。历史竟会如此捉弄人，给中国人开了一个天大的玩笑。

　　指南针指出的方向使欧洲走在了世界的前面，使人类活动舞台从狭小的大陆转向广阔的海洋，这是人类文明发展取向的创新性突破。

　　中国古代的四大发明在欧洲的近代史上写下了一页页不朽的篇

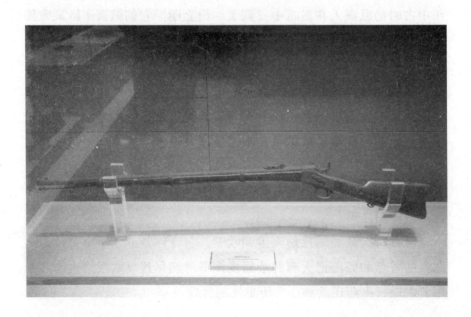

章。它们在西方显示了自我的伟大价值，而在它们的本土，却备受冷落。如果没有西欧用突飞猛进的历史变革来证明中国古代科技文明的伟大意义的话，中国人还不能自觉地从"泱泱大国"中挑选出这四项发明。

因此，中华子孙们在叙述四大发明的自豪时，总免不了要拿近代欧洲的发展作例证，却不能以本土例证来彰显近代四大发明的辉煌。使用了中国指南针技术的北洋舰队，是从欧洲订购的；使用了中国火药传统的洋枪队，是用英、美、法的洋枪洋炮装备的；新闻纸、道林纸、品种繁多的胶版印刷纸和铜版印刷纸，以及适用于各种用途的布纹纸、牛皮纸，以至于现代的复印纸、光敏纸，似乎每一种类都要靠西方的技术引进；若说印刷，甚至到了今天，只要一提到印刷机，人们第一个想起来的却是德国的海德堡……

时光荏苒，今天的中国人，该怎样去描绘我们祖先的"四大发明"呢？这是一个值得深思的问题。

造纸术：传媒的巨大变革

第二章

造纸术，中国古代四大发明之一，也是中国人对世界文明作出的巨大贡献。纸，使古代文化得以保存下来，先进的思想得以迅速传播，科学技术得到及时总结。

纸的发明，不仅使人们记录文字、传播知识的工具产生了巨大变革，还为人们的日常生活提供了很多便利。

造纸术传播到世界各地后，更是对全世界的社会历史和科学文化的发展，起到了巨大的推动作用。

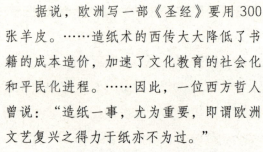

据说，欧洲写一部《圣经》要用 300 张羊皮。……造纸术的西传大大降低了书籍的成本造价，加速了文化教育的社会化和平民化进程。……因此，一位西方哲人曾说："造纸一事，尤为重要，即谓欧洲文艺复兴之得力于纸亦不为过。"

——王明星《东方之光——中国古代四大发明》

早期的书写材料

　　如今，当人们走进一家大型综合书店，可以在货架上看到不同类型的书籍：哲学、经济、政治、法律、军事、文学……人们可以从书里获取文化知识，了解时事动态，而承载这些知识的材料，正是中国古代的四大发明之一——纸。

　　纸的主要作用是记录事件、传播知识。在计算机发明以前，人们读书、写字、绘画都离不开纸，甚至在这个科技高度发达的电子时代，纸的作用依然无法被完全取代。可实际上，从纸发明至今也不过2000多年的历史。那么，在纸发明之前，中国人又是靠什么来记录事件和传播知识的呢？

　　上古时期，在文字还未发明之前，人们多用口耳相传的方式来记录思想和经验。远古时代的许多神话传说，都是依靠这种方式流传下来的。后来，人们为了避免遗忘，又发明了"结绳记事"的方法：

当一个人要记录某个事件的时候，就在绳子上打一个结，以后每当他看到这个结，就会想起那件事。如果要记住两件事，就打两个结，记三件事，就打三个结……

但是"结绳记事"的方法存在着很大的局限性：绳子上打的结多了，这个人很可能就记不住这么多事情了，所以这个方法虽然简单，却不可靠。而且，绳结也起不到传情表意、交流思想的作用。

于是，聪明的中国人开始用图画和符号来表达自己的思想。上世纪五六十年代，中国的考古工作者在西安半坡村、大汶口和山东龙山文化遗址（三处均为新石器时代遗址）中，发现了一些特殊的陶器。这些陶器上刻着类似文字符号，简单而又整齐。历史学家经过分析后认为，这些符号就是最初的文字起源，并称之为陶文。这种陶文与后来的甲骨文和金文中的一些文字符号十分类似。

历史学家通常把文字的发明创造，看作人类由野蛮进入文明的一个重要标志。因此，文字的出现在各个民族的发展史上都是一件大事。历史学界普遍认为，中国比较成熟的象形文字产生于3000多年前的商朝。

至今为止，考古学家们已经发现了4000个左右殷商时期出现的单字，它们可以表达出各种重要的意思。这表明商代的象形文字已经达到一定水平。这些象形文字大多刻在龟的腹甲或牛的肩胛骨上，因此被专家们称为甲骨文。

甲骨文的发现非常具有戏剧色彩：清朝光绪年间，北京城里住着一个名叫王懿荣的文字学家。一次，王懿荣得了疟疾，身上忽冷忽热，病情十分严重。家里人赶忙请来大夫为他诊治。大夫查看过王懿荣的病情后开了一个药方，其中有一味药的名字极为奇特，叫做"龙骨"。家人把药抓回来以后，王懿荣无意中发现"龙骨"上竟然刻有类似文字的符号！

原来，这块"龙骨"来自于河南安阳的一个小村庄（今殷墟遗址所在地）。当地农民在耕地的过程中，常常挖出大小不同的甲骨。当时的人都比较迷信，他们认为这些甲骨是"龙骨"，并且相信它可以治病消灾。一旦村里有人生病，村民们就把"龙骨"用火烤干，磨成粉末，再用温水调和好给病人喂下。久而久之，"龙骨"就成

为一味中药，流传了出去。

王懿荣发现"龙骨"上的秘密之后，赶忙派人到药店，以每片二两银子的高价，把刻着符号的"龙骨"全部买下。经过王懿荣的考察和分析，这些文字最终被确定为3000多年前殷商时期的古人刻下的文字。

那么，古人为什么要在甲骨上记录文字呢？

上古时期的人类对自然界的认识非常有限，以为许多事情都是由鬼神操纵的，所以无论大小事，都要求神问卜。由于在古人的心目中，龟是一种神物，而牛也常被用来祭祀。因此，龟甲和牛骨就顺理成章地成了占卜工具。占卜时，古人会先在龟甲或牛骨上凿出

一个圆形的小孔，再用燃烧的树枝在小孔周围灼烧，使甲骨上出现裂纹，然后根据裂纹的粗细、长短、曲直等来判断吉凶。占卜完毕后，人们就会把占卜的时间、结果以及应验情况等记录在甲骨上。这就是甲骨文的由来。

甲骨文是中国已发现的古代文字中，时代最早、体系较为完整的文字。因此，甲骨也就成了中国古代最早承载文字的材料。

到了商朝后期和周朝，青铜的冶炼已经达到很高的水平。于是，人们除了在甲骨上刻写文字以外，还会在青铜器上铸刻文字。这种文字，被称为青铜铭文或金文。

青铜的主要成分是铜，加上一定比例的锡，铸造出来的成品就会呈现出青灰色。青铜器的种类很多，包括礼器、乐器、兵器以及其他日用器物，这些器皿在当时都是统治者的专用品，极其珍贵。礼器中的大鼎，更是被看做权力的象征，只有在举行国家大典和隆重祭祀时才能动用。

殷商时期的贵族，在需要保存重要文件，或是要纪念重大事件的时候，也会铸一件青铜器，将文件或事件记录在上面。从西汉至今，中国出土的青铜器已有几万件，铸有铭文的多达一万余件，其中又以西周晚期的毛公鼎文最长，有四五百字。

除此之外，古人也有在石头上刻字的习惯。墨子是春秋末期战国初期的思想家和军事家，他的弟子为记录他的言行与思想，整理编著了《墨子》一书，书中便有"镂于金石"的记载。这说明，在春秋战国时代，人们已经习惯把文字镌刻在石头上。中国现存最早的石刻是出土于陕西的石鼓文，产生于春秋时期。石鼓上刻的文字为四言诗，意在"刻石表功""托物传远"，可以说，这篇石鼓文是现代石刻的祖宗。

但无论是甲骨、青铜器还是石头，都不便于携带，而且在这些材料上刻字也十分费力，因此这些材料只能用来记录重大事件。随着时代的进步，人们对于总结经验、发表思想、抒发思想的需求不断增长，这些书写材料再也不能满足古人的需要，人们只得继续寻找更加合适的东西来代替它们。

春秋战国时期，社会制度逐渐由奴隶制度转向封建制度，在剧烈的社会变革中，许多新思想不断涌现出来。孔子、墨子、老子、韩非子等大思想家纷纷创立了自己的学派，形成了百家争鸣的局面。他们的思想和言论通过著作得到广泛传播，与此同时，中国的医学、天文、地理、文学等方面也出现了许多重要著作。

随着文化的繁荣兴盛，新的书写材料也应运而生。当时在黄河流域以及南方，由于气候温暖潮湿，生长了大量的树木和竹子。古人们就把竹子和木头劈开，刮削磨平，再用毛笔蘸墨或者颜料在上面书写文字，写有文字的竹片和木片就被称为"竹简"和"木牍"。

竹片和木片到处都有，取材方便，刻写容易，而且可以根据需要，锯成长短不同的规格。于是，竹简和木牍作为书写材料，很快流行起来。

　　由于竹简是狭长的薄片，一片竹简往往只能写一行字。因此，人们在这些竹片上写好文章后，往往会把它们用皮绳穿起来，这种被穿起来的"竹简"就成了最古老的书，古人称之为"册"。时至今日，我们依然不难看出，这个字很像被绳子穿连起来的竹简。1972年，山东临沂银雀山出土的《孙膑兵法》，就是由240多枚竹简所穿连起来的，上面共记载了6000多个汉字。

　　竹简往往只用来记录文字，木牍却还有另外一个重要的作用：

画图，特别是地图。因此，古人常用"版图"一词代指国家领土。那时人和人之间通信，也经常以一尺见方的木板作为写信的材料，因此信件也被古人称为"尺牍"。

　　在纸发明以前，竹简和木牍为古人记录文字、传播知识提供了很大便利。但是，简牍无论从重量还是体积上，都比纸要大得多。相传西汉文学家东方朔，曾用三千竹简向汉武帝上书。文书呈给武帝的时候，要两个大力士合力才能勉强搬动，汉武帝更是用了两个月的时间才把这些文章读完。

　　虽然这件事的真伪已经无从考证，但它却无意中透露出使用简牍的问题所在：难以搬动和阅读。而且，如果穿连竹简的皮绳断了，文章的顺序被打乱，那就更加麻烦了，光是整理、重编这些竹片，就要花费很长时间。

　　于是，比简牍更加轻便的书写材料出现了，这就是缣帛。

縑帛与简牍几乎出现于同一时代。由于縑帛是丝织品，质地轻软、便于携带，因此这种材料作为文字的载体远胜于简牍。而且，人们在縑帛上做文章，完成后只要轻轻一卷就可以了，既不用费心用皮绳穿连，也不用担心文章的顺序被打乱。"时传尺素，以寄相思"中的"尺素"指的便是这种縑帛书写的信件。

新中国成立初期，长沙近郊的陈家大山出土过一幅战国时期的帛书，帛书上画有妇人、凤鸟和独脚夔（传说中一种与龙相似的动物，《山海经》中描述它形状如牛，无角，仅有一足），这是中国现存最早的帛画。后来，考古学家在长沙马王堆西汉墓中，又挖掘出许多帛书帛画，其中的帛画十分精美，描画了当时人们幻想中的神话世界。

虽然帛书在诸多方面都比以往的甲骨、青铜器、简牍等，更适合作为承载文字的材料，但它有一个致命的缺点：价格昂贵。

在汉朝，人们用买一匹縑帛的钱，可以换到 720 斤大米。这样的"奢侈品"，除了达官显宦，普通百姓根本消费不起。随着经济文化的发展，笨重的简牍和昂贵的帛书，都渐渐无法满足人们的需要。于是，中国人发明了一种新的书写材料，它具备縑帛的各种优点，又比縑帛便宜得多，这就是改变了世界的书写材料——纸。

纸的发明

试想一下，如果人类至今都没有发明纸的话，又鉴于縑帛昂贵的价格，现在的莘莘学子恐怕就只能赶着马车、载着竹简和木牍去上学了。幸好，中国的古人早在汉朝时就发明了这种对后世影响深远的书写材料。

据《后汉书》中记载，造纸术是蔡伦在东汉和帝元兴元年发明的。此后，这种观点一直延续了 1500 多年。但是，新中国成立前后出土的古纸，与一些历史资料互相印证，却显示早在蔡伦之前，中国就已经出现了类似"纸"的物品。

中国最早关于纸的记载，可以追溯到汉武帝时期。相传武帝晚年时，有一次生了重病，当时的太子刘据很想去看望自己的父亲。但刘据长得不太好看，尤其是鼻子很大，汉武帝的近臣江充就对刘据说："上恶大鼻，当持纸蔽其鼻而入。"刘据听信了江充的话，果然用纸遮着鼻子去见武帝，结果惹得汉武帝勃然大怒。

《汉书》中也有关于纸的记载：西汉末年，赵飞燕、赵合德姐妹被召进宫中，颇得汉成帝宠爱，姐姐做了皇后，妹妹被封为昭仪。不久，宫中一个名叫曹伟能的女官生下了小皇子，赵合德见了嫉妒不已，于是就派人把小皇子扔掉，还把曹伟能关了起来。可她还是觉得不够解气，又命人把一个绿色的小盒子交给曹伟能，里面便是用纸包裹着的两颗毒药。纸上还写着一行小字："告伟能，努力服此药……"这种纸在当时叫做"赫蹄"，是由丝绵制作而成的。

当然，光凭史书上的记载，还不能确定纸的发明时间，出土实物才是最可靠的证据。

1933年，中国著名的考古学家黄文弼，在新疆罗布泊挖掘出一张古纸，这是一张长100毫米、宽40毫米的麻纸。考古学家根据同时期出土的文物，判断此纸为西汉年间所造。

1957年，中国考古学家在陕西灞桥发掘西汉墓时，又发现了一叠长宽不到10厘米的麻纤维纸，由于时间久远，纸张已经裂成碎片。这叠古纸是人们在一面由麻布包着的铜镜下方找到的，纸上有明显的麻布布纹，表面还染上了铜镜的锈斑。这种纸颜色暗黄，平整柔软。考古工作者根据灞桥古墓的形制及这批出土文物的特征，断定这种古纸出自汉武帝年间，并根据出土地点，为它取名灞桥纸。灞桥纸也是目前世界上发现的最古老的纸张，如今收藏在中国国家博物馆和陕西历史博物馆。

那么，这些古老的纸片又是怎样制造出来的呢？

公元100年，东汉著名学者许慎编著了中国第一部字典——《说文解字》，其中便收录了"纸"字。许慎在解释这个字的时候说，"纸"的偏旁与造纸过程中要在水里击打丝棉有关。而比许慎生活的时代略晚一些的东汉经学家服虔，则更加直接地在《通俗文》中写道"方絮为纸"，揭示出纸张正是由丝绵中的残絮制成的。因此，人们把这种纸称为丝絮纸或丝质纸。《汉书》中所提到的"赫蹏"，便是这种纸。

《说文解字》中收录的字是小篆，这种文字由战国的大篆籀文简化而来，为秦朝丞相李斯所创。文字学家们从商代的甲骨文、西周的金文以及战国时代的籀文中，都没有发现"纸"字的雏形。这说明"纸"应是后来的新创字，它也从一个侧面证明，丝絮纸应该出现在秦朝之后。

秦朝灭亡后，刘邦建立了汉室王朝，经过几代帝王的励精图治，中国的经济得到了恢复和发展，并且出现了"文景之治"的盛世。此时，中国的丝织业也已经比较发达。人们通常会把质量最好的蚕茧抽丝织成绸缎，质量稍次的蚕茧就用来做丝绵。

制造丝绵时，人们会先把蚕茧用水煮一遍，好让蚕茧上的胶质溶解，然后把蚕茧剥开、洗净，再放到浸在水里的箔席上，用木棒反复捶打，直到蚕茧完全被打散，连成一片，丝绵就做成了。箔席上的丝绵被人拿下来以后，总会有一些残絮留在上面，随着漂洗次数的增多，箔席上的残絮也越积越多。等到丝绵制作完成，人们把箔席晒干后，发现这些附着在上面的残絮已经形成了一层薄片。

对于这种薄片，人们一开始并没有太在意，只是把它揭下来了事。直到后来，才慢慢有人发现，这种丝绵片和缣帛有着相似的性质。于是，古人开始尝试在这些丝绵片上写字，果然好用。此后，人们开始有意识地仿制这种薄片，并终于制成一种新的书写材料——丝绵纸。

丝绵纸光滑、轻便。但它依然是以蚕丝做原料，因此价格不菲，不能大量生产。而且，由于这种"纸"只是残絮断丝粘成的薄片，纤维只靠残留的胶质粘连，因此交织并不牢固，使用价值不高。虽然这种"赫蹏"与现代意义上的纸还是有着天壤之别，但它的存在给人们以启发：既然可以利用蚕丝的纤维来造出丝绵纸，那么可不可以利用富于纤维质的植物来造纸呢？

通过长期实践，中国的劳动人民终于制造出了植物纤维纸，这就是上文提到过的灞桥纸。20世纪60年代，有关专家对灞桥纸进行了反复的化验鉴定，最后确认灞桥纸的原料是大麻和苎麻。

中国是麻类植物的起源地之一，大麻和苎麻更是被写进了中国最早的诗歌总集——《诗经》。也就是说，早在春秋时期，中国就已经出现了大麻和苎麻的身影。到了汉朝，大麻和苎麻已经是纺织业的主要原料之一。古代的劳动人民经常用麻来捻线、搓绳，还会用麻来织布、制渔网等等。因此，麻类植物先于其他植物，最早成为造纸的原料也就不足为奇了。

麻在水中浸沤后疏解出来的纤维叫做麻缕，它与丝絮在许多方面都十分类似，却比丝絮要便宜得多。于是，古人们开始尝试用沤麻时遗漏下来的麻缕，代替丝絮造纸。经过反复实践，古人们将遗落水中的麻缕，垫在篾席上反复捶打，滤去水分晾干，也得到了类似于丝绵薄片的麻纤维薄片。后来人们又发现麻头或破布经过浸湿、切碎、舂捣得到的麻缕，放在水里加工，同样可以造纸。于是，从

制浆到抄纸的一整套造纸工序就形成了。

灞桥纸的发现对于中国的科学技术史来说，具有重大意义。它推翻了过去的历史教科书上把纸的发明完全归功于蔡伦的说法，证明早在西汉时期中国的劳动人民已经可以制造出植物纤维纸，更是把中国人发明造纸术的时间整整往前推了300年！

1978年8月，一支中国考古队在居延汉代肩水金关故址中发掘

出两片古纸。考古专家经过研究，断定这种纸为西汉年间所造。其中一张纸的面积达40平方厘米。它色泽白净，薄而匀，质地细密坚韧，专家们称之为"金关纸"。人们对"金关纸"进行取样验证后发现：这种纸是经过完整的造纸工序制造出来的。

1978年12月，人们又在陕西省扶风县一处汉代窖藏内发现了一种古纸，其中面积最大的一张纸有42平方厘米，其余大小不等。纸张呈乳黄色，粘有不少铜锈绿斑。这种纸坚韧、耐折、色泽较好。考古专家经过推断，认为它的制造时间不晚于西汉宣帝时期。专家们把这种纸称为"中颜纸"。它与"金关纸"一样，也经过了完整的制造工序。

通过对"金关纸""中颜纸"的考察验证，中国的考古学家们断定，中国人在西汉年间，就已经可以制造具有一定质量水平的纸了。

造纸术是中国古代科学技术发展史上的一项伟大成就。古代的造纸法看起来简单，但是在2000多年以前，这样的发明创造却有着划时代的意义。就算在科学技术已经相当发达的今天，造纸工艺的基本原理，跟2000多年前古人们的造纸法，也没有根本性的区别。这充分体现了中国古代劳动人民的聪明才智。

但是，许多科学技术从发明到推广使用都需要一定的时间，造纸术也是如此。中国早期的麻纸又粗糙又厚，并不适宜写字，需要进一步的改进和提高，才能代替竹简、木牍和缣帛。

蔡伦的贡献

西汉时的古人已经可以打造出纤维纸了，但是这种麻纸表面粗糙，不太适宜写字，因此大多时候都用来做包装或衬垫。到了东汉年间，随着时代的发展，人们对纸张的需求也越来越高。此时，一个让造纸术发生根本性变革的人出现了，他就是蔡伦。

蔡伦，字敬仲，桂阳（今湖南省耒阳县）人。东汉明帝永平末年，蔡伦开始在京城洛阳皇宫里当差，汉和帝即位后，升任中常侍。在当时，中常侍可以说是宦官中权利最大的官职了：每日侍奉皇帝左右，执掌顾问应对，甚至可以参与国家机密大事。后来，蔡伦又兼任尚方令，掌管宫廷御用手工作坊，负责监督制造御用宝剑和其他器械。

皇宫的手工作坊里聚集了全国各地的能工巧匠。蔡伦在主持制造这些御用器械时，与这些手工艺人朝夕相处，他们高

超的技艺和创造精神，对蔡伦产生了很大影响。在长期的耳濡目染之下，蔡伦对于制造工艺也有了更加深入的了解。

蔡伦知道，虽然西汉的劳动人民很早就发明了用植物纤维造纸的方法，但这种造纸术却并没有得到很好的发展和推广。而如今，随着科学文化的迅速发展，人们对于书写材料的需求越来越迫切。

蔡伦本人善于诗、书，因此也更能体会纸的重要性。他担任尚方令后，一有空闲就亲自到手工作坊进行技术调查，学习和总结工匠们关于造纸的丰富经验。最终，蔡伦在前人造纸方法的基础上，又加上自己的创新，发明了新的造纸术。他以树皮、破布、废渔网等作为原料，再加以精工细作，便制造出一种高级麻纸。这种纸的纸质优良，便于书写，而且，由于造纸的原料易得、成本低廉，纸的产量也得到了大幅度提高。

公元 105 年，蔡伦把这一重大改革上报朝廷后，得到了汉和帝的称赞。不久，汉和帝通令全国，全面推行由蔡伦发明的新的造纸方法。造纸术经过蔡伦的改造后，焕发了勃勃生机，迅速传遍全国各地。蔡伦也因此被封为"龙亭侯"，而由他监制的纸，也被人们称为"蔡侯纸"。

蔡伦总结前人经验所发明的造纸术，不仅促进了造纸术的发展，而且促进了文化事业的繁荣。因此这段历史也频频被史书所提及，以至于后世长期以来一直认为，"蔡伦造纸"之后，中国才开始出现纸张。

最早记载"蔡伦造纸"的文献是《东汉观记》。这本书由东汉历代史官编写，是叙述东汉当代历史的史书。经过历史学家的考证，《东汉观记》中的《蔡伦传》，编写于东汉元帝元嘉元年，距蔡伦去世不过 30 年的时间。而作者之一的延笃，更是最早使用纸的东汉著名学者。因此，《东汉观记》中所记蔡伦造纸之事，应是作者亲眼所见，可靠性比较强。但是也不能肯定在东汉之前没有"纸"。

上一节也曾提到，新中国成立前后，考古学家们从一些遗址中挖掘出了西汉时期的古纸。这似乎也从另一个方面否定了"蔡伦造纸"说。

实际上，关于纸是否是蔡伦发明的，学术界一直存在争议。在二十世纪六七十年代，否定"蔡伦造纸"是学术界的主流观点，且几乎盖棺定论。但自从二十世纪八十年代以后，中国造纸界又出现了一批学者，重新站出来维护"蔡伦造纸"的说法。

主张维护蔡伦发明造纸术的论点是：在"蔡伦造纸"之前，人们所制造出来的纸张质地粗糙，且不便于书写，因此只能算作是纸的雏形或原始纸，不是现代意义上的纸。而真正适合书写的纸为蔡伦所造，所以还是应该承认蔡伦是造纸术的发明者。

再从文献资料上来看，在蔡伦改进造纸术之前，可以用纸书写的都是王公贵族；从考古发现上来看，所有出土的有字古纸，其年代都在蔡伦改进造纸术以后。额济纳纸是至今出土的最早的有字古纸，根据测算，其制造年代比"蔡伦造纸"上报汉和帝的时间，仍是晚了两年。

而反对"蔡伦造纸"说的也大有人在，如有人提出：灞桥纸是不是西汉的产品，还值得进一步考证。他们认为："在墓主人的生活时代未能查明以前，很难对古纸的制造年代做出令人信服的科学判断。何况该墓葬有扰土层，曾受外来干扰，不能排除纸张被后代人夹带进来的可能。"有的研究者还从灞桥纸上辨认出上面留有与正楷体相仿的字迹，并考察出这种字体与新疆出土的东晋写本《三国志·孙权传》上的字体相似，据此认为灞桥纸可能是晋代所造。

除此之外，否定"蔡伦造纸"的学者，还提出了另外一个重要论点：造纸的工艺十分复杂，不可能由一个人用几年时间就发明出来，应该有一个形成过程，而这个过程一定早于蔡伦所生活的时代。因此蔡伦只是总结前人经验，加以提高改进，造出了适于书写的纸张。

其实早在宋朝，就有学者对"蔡伦造纸"一说持否定态度。北宋的陈槱在《负暄野录》中写道："盖纸旧亦有之，特蔡伦善造尔，非创也。"意思是说：纸在很久以前就有了，蔡伦不过是善于制造纸罢了，并不是纸的发明者。南宋的史绳祖也在《学斋拈毕》中写道：纸笔不始于蔡伦、蒙恬……但蔡、蒙所造精工于前世则有之，谓纸笔始于此二人则不可也。"由北宋司马光主持编纂的《资治通鉴》中，更是引用当朝户部尚书毛晃的话说："俗以为纸始于蔡伦，非也。"

综上所述，我们最终可以得出这样的结论：早在西汉时期，中国已经存在以麻类纤维为原料的纸，但它并没有作为书写材料被广泛使用。直到蔡伦发明造纸术之后，纸才作为一种可以代替简牍和缣帛的书写材料，得到推广和发展。

因此，造纸术的发明虽然不能完全归功于蔡伦，但他在造纸发展史上的功绩，是不可抹杀的。而且，"蔡伦造纸"毕竟是中国造纸术的正式开始，无论从它所使用的原料、工艺和造出的纸可供书写之用等等方面看，都是如此。所以，把"蔡伦造纸"作为中国造

纸发明的标志，也是无可厚非的。

造纸术的改进

自从蔡伦的造纸术推广起来以后，文化知识的传播变得更加方便和快捷。反过来，科学文化的传播，又推动了造纸技术的发展。

到了东汉末期，造纸术已得到很大提高，并且继蔡伦之后，又出现了一位造纸能手——佐伯。由他造出来的纸，厚薄均匀，色泽鲜明，当时的人都称这种纸为"佐伯纸"。据记载，在东汉末期，"左伯纸"与"张芝笔""韦诞墨"并称三绝，极受当时书法家的追捧。

在雕版印刷术发明之前，古代的书籍文献全都是手抄本。随着时代的发展，官府和私人藏书都逐渐增多。于是，人们为了便于查找藏书，开始编写藏书目录。

据唐代政治家魏徵所著的《隋书·经籍志》中记载，三国时期，曹魏的秘书监（掌管经籍图书的官员）荀勖，所编藏书目录中的图书多达 29 945 卷。在晋朝初期（公元 289 年），官府收藏的书籍也达到 2 万多卷。谢灵运是南北朝时著名的山水诗人，他在宋文帝年间担任秘书监，由他掌管的藏书目录中，收录的图籍达 64 582 卷。

私人藏书也随着时代的发展越来越多。三国时期的学者郭泰曾藏书 5 000 余卷。西晋文学家张华更是在迁居时，搬运了 30 车书。因此，魏徵在《隋书·经籍志》的序里说，梁武帝时，"四海之内，家有文史"。

魏晋南北朝时期，由于佛教和道教的兴起，人们除了用纸抄录经史子集、书写日常文件外，还会抄写宗教经典，这也使得社会上对纸的需求量大大增加。

当时，全国各地，大江南北，包括少数民族都发展起了造纸业。洛阳、长安、山西、河北、山东作为北方的造纸中心，主要生产麻纸、

楮皮纸和桑皮纸。而南方的造纸中心浙江、安徽、南京、扬州以及广州主要生产麻纸、桑皮纸和楮皮纸，浙江剡溪、余杭等地还发明了藤纸。

人们在造纸过程中，不断积累经验，精益求精，制造出许多名纸。纸的加工工艺也有了长足的发展，比如染潢，既可杀虫防蛀，又可延长纸的寿命。

当时的纸主要以黄色为主。除了因为古代凡神圣、庄重之物品常饰以黄色以外，还由于黄色不刺眼，可以长期阅读而不伤眼睛，如果作者出现了笔误，还能用雄黄涂改后再写，方便更改。

到了隋唐时期，社会经济的繁荣使中国成为当时世界上最为富强的国家。陆地与海上的"丝绸之路"，更是让中外文化得到了更加广泛的交流。所有这些，都为这一时期造纸技术的发展提供了良好的条件。

文化传播的需要一直推动着造纸业的发展，隋唐时期也不例外。从造纸数量的发展上看，自从印刷术发明之后，印书行业迅速崛起，纸张的需求量因此大幅度增加。从造纸质量上看，当时的中国流行起一股摹写之风，这种用来临摹的纸，需要有一定的透明度，而且必须又细又薄，要求极高。

此时，社会的其他领域也出现了纸的身影，纸渐渐走近人民的日常生活当中。有人用纸做帽子、屏风；有人用纸做"条幅""门神"挂在家中。人们做账本、糊窗户、扎灯笼、制雨伞、做油扇。

社会上一旦有了需要，就会推动科学技术大步前进。在传播文化和人民生活的种种需要推动下，中国的造纸技术迅速发展。唐朝时，很多小县都有官办的和民营的造纸作坊。

为了适应各方面的需要，纸的品种也越来越多。唐朝时，江苏、浙江、安徽、江西、湖南、四川、广东、山西、河南九省的18个地区，都将各地出产的纸作为贡品献给皇帝。现在仍然焕发着活力且闻名于世的宣纸，当时便是宣州献给朝廷的贡品。

造纸原料品种的扩大，也昭示着造纸技术的巨大进步。隋唐、五代时所用的造纸原料计有麻类、桔皮、桑皮、藤皮、瑞香皮、木芙蓉皮等，竹纸也初露头角。

竹纸，顾名思义，就是以竹子为原料制成的纸。19世纪70年代，

英国人劳持利奇写了一本题为"以竹为原料造纸"的小册子，共40页，用竹纸印成。这被认为是西方第一次用竹造纸。而中国最早的竹纸产生于唐朝，比西方早了近千年。

根据文献记载，竹子最早产于广东一带，后来才逐渐遍及全国。因此在唐朝时，中国也只有南方的小部分地区可以生产竹纸。到了宋朝，随着造纸工艺的成熟和原料的增多，竹纸才真正发展起来。

北京故宫博物院中珍藏的米芾（北宋书画名家）画作《珊瑚》，所用的纸张正是竹纤维纸。除此之外，王羲之《雨后帖》、王献之《中秋帖》的宋代摹本，用的也都是竹纸。由于竹纸在资源上的优越性，它在经过改良之后，很快取代了以前盛行的麻纸和藤纸，江浙一带所生产的竹纸，由于质量优良，更是名满天下。

虽然麻类植物仍然是造纸的主要原料，不过，皮纸的产量也渐渐多了起来。现代人在敦煌石窟中发现的隋朝初年的《波罗蜜经》写本，正是用楮皮纸制作而成。而产生于隋朝末年的《妙法莲华经》写本，则是用桑皮纸制成。除此之外，从敦煌石窟中发现的《无上秘要》《波罗蜜经》等出产于隋唐时期的书籍，皆是用皮纸制成。

另外，在两宋时期，人们还发现了纸的另一个用途。当时，朝廷开始印制一种名叫"交子"的东西，作为人们交换物品时所用的证券，这就是世界上最早发行的纸币。纸币相较于金属货币制作过程更加简单，而且没有资源浪费的情况，逐渐流行起来。纸币的流行，无疑是对造纸术提出了更高的要求。

社会的需求再次推动了造纸业的发展。宋朝时的造纸工匠已经可以制造出巨幅的"匹纸"，长度达到10至16米。辽宁省博物馆珍藏的南宋草书《千字文》，长达10余米，且没有接缝，纸上还描绘着泥金云龙图案，制造和加工工艺都十分精湛。

随着造纸技术的进步，宋元时期还有人以纸为研究对象，出版了专门的著作。例如北宋官员苏易简，他所著的《文房四谱》第四卷《纸谱》，就分别从叙事、制造、杂说、辞赋四个方面，叙述了麻纸、藤纸、楮皮纸、桑皮纸的源头和使用情况。除此之外，他还在书中对各种纸的名目、加工、用途、名纸品目等方面一一作了介绍，其中对北宋时制造的各类纸张的描述，尤为详实可信。这是世界上最早的一部关于纸的专著，它对现代人研究造纸业的发展，有很高的参考价值。

明清时期，造纸术已经发展得相当完备和成熟了。那时的造纸作坊，绝大多数分布在江西、福建、浙江、安徽等省。造纸的原料主要有竹、麻、皮料和稻草等，其中竹纸的产量居于首位。皖南山区所造的宣纸在各种纸张中质量最好，其主要原料是檀树皮。

此外，纸币的制造在宋元的基础上进一步得到发展，成为除了书画、印刷、包装以外的用纸大户。当时的官府和民间，还流行起使用经过艺术加工的"壁纸"。人们把纸张染上各种颜色，或印上彩色图案，贴在墙壁上，作为室内装饰。后来，这种壁纸因为物美价廉，不但在中国被广泛运用，还受到了外国人民的青睐。

在这一时期，以造纸技术为研究对象的书籍也越来越多。明朝嘉靖年间，王宗沐编著的《江西大志》、明末科学家宋应星编著的《天工开物》、清朝道光年间严如煜所著的《三省边防备览》和黄兴三的《造纸术》等著作，都详细记载了造纸术的发展。

与此同时，造纸业也与中国的其他生产部门一样，出现了资本主义萌芽。据相关文献记载，17 世纪中期，江西一带的造纸作坊，已经具有资本主义工厂手工业生产的规模和性质。这对于当时中国的造纸业来说，是一个很大的进步。

精巧的工艺

自西汉发明纸张之后的 1000 多年时间里，人们不断对造纸技术进行革新和创造，并最终总结出了一套完整的造纸工艺。古人按照这套工艺来造纸，可以制作出各种高级纸张，为现代造纸工艺打下了坚实的基础。

在古代，造纸的工艺流程大致是这样的：将植物纤维经过蒸煮和舂捣后，加上水，形成植物纤维与水的混合液——纸浆。之后，造纸工人用筛网或篾席，把纸浆中的水滤掉。等到筛网晒干后，它的底部就会留下一层由植物纤维交叠的薄片，这就是纸。

通过上述的流程我们可以看出，其实造纸主要分为两个步骤，第一步是制造纸浆，第二步是使纸浆脱水后形成薄片。

纸是纤维制品，但它的结构却与经纬交织的纺织物（如丝绸、棉麻布料）不同。如果把纸片放在高倍显微镜底下，我们可以清楚地看到许多纤维不规则地交叠在一起。那么，让植物纤维能够以这种不规则交叠的状态紧密连接在一起的物质到底是什么呢？其实答案很简单，那就是水。

植物纤维之所以能够结合在一起，是因为纤维素的分子中含有亲水的氢氧基（-OH）。当两个纤维素在水中互相靠近时，纤维素氢氧基中的氧原子就会与水分子（H-O-H）相结合。这时，水分子就起了媒介作用，把两个纤维素拉在了一起。当水分蒸发后，水分子跑掉，两个纤维素之间就形成了氢键，牢牢地交叠在一起。这就是植物纤维在脱水后为什么会紧密地结合在一起的原因。

通过上文，不难得出这样的结论：纸张的质量，主要取决于纸浆的制作。前面已经说过，纸浆就是植物纤维与水的混合物，如果再严格点的话，应该说纸浆是植物纤维素与水的混合物。因此，制浆的第一步，就是取得植物纤维素。

纤维素是植物细胞的组成部分，它与木质素、果胶、半纤维素一起，组成了植物纤维的细胞壁。而在纤维细胞与纤维细胞之间又充满了木质素，也就是说纤维细胞被木质素包裹着。因此，要想取得纤维素，就要把它与植物细胞中的其他成分拆开。

要达到这个目的，最简单的办法是通过机械作用，把木纤维磨碎。这样一来，植物细胞中的各种成分就分开了。现在的报纸就是用这种方法制造的。但我们都知道，报纸的纸质不是很好，时间长了会发黄变色。这是因为纸浆里除了含有纤维素以外，还有没能除去的木质素、果胶和半纤维素。

实际上，纸张之所以会变黄，主要是由于存在木质素和果胶这两种杂质。如果想要制造质量好的纸，就要想办法把这两种杂质除去，再分离提取出植物纤维素。这样就可以得到没有杂质的纸浆了。

中国人在春秋时期就发明了用浸沤分离植物纤维的方法，不过那时的人们是为了制造麻仿制品。在中国第一部诗歌总集《诗经》中，就有"东门之池，可以沤麻"和"东门之池，可以沤纻"的诗句。诗里的麻和纻，指的就是大麻和苎麻。那时，人们把这些麻类植物，浸沤在不会流动的池水中。时间长了，池水就会在太阳的照射下升

温，这就为微生物的生长创造了良好的条件。微生物在这种环境下大量繁殖，由于它们以果胶为营养，纤维里的果胶就这样被脱掉。果胶一旦消失，木质素也就松动了，时间一长，植物纤维素就被分

离了出来。

后来，古人在制作纸浆的过程中，也沿用了这种浸沤的办法来分离植物纤维素。

但是，浸沤的方法需要微生物发酵，耗费的时间很长。而且，这种办法只能使木质素松动，而不是彻底除去。因此，这种方法还是存在着缺陷。后来，人们发现用生石灰水和草木灰水沤丝，脱胶的效果很好。于是就照猫画虎，在沤麻的过程中也加入了同类物质。果然，植物纤维分离的速度因此大大加快了。

草木灰和生石灰，其实就是碳酸钙和氧化钙。这两种物质的水溶液都是碱性的，加上它们溶于水后放热，提高了溶液的温度，这样的碱性溶液不仅能溶解果胶，也对木质素有一定的溶解作用。

《考工记》是中国战国时期的著作，其中就有用草木灰和生石灰为丝织品脱胶的记载。但是，关于麻纤维是何时开始用这种方法脱胶的，却无据可考。1973年，中国的考古专家在湖北江陵凤凰山的西汉墓，挖掘出了一些苎麻布和麻絮，相关人员经过检验，发现其表面附有很多钙离子。也就是说，最晚在西汉时期，中国人就开始用生石灰水来沤麻了。

不过，生石灰水溶于水中后，水温并不会上升得很高，而木质素只有在高温碱液中，化学反应才进行得比较迅速。后来，人们在实践中采用了碱液高温蒸煮的办法，大大缩短了分离纤维的时间，分离的效果也比以前更好。从此纤维分离技术达到了一个新的阶段。

三国时期的文献，最早记载了这种高温蒸煮的方法。不过，专家们推测这种方法应该在东汉时期就已经出现了。

化学蒸煮虽然可以很好地去掉木质素，但同样也会损伤纤维素。如果蒸煮的时间过长、温度过高、用碱过多，纤维素也会大量溶解于碱溶液，影响纸浆的回收率和质量。而在温度低、用碱少的情况下蒸煮时间不长，又达不到预期的效果，因此单靠蒸煮还不是理想

的办法。经过长期的摸索，反复的实践，人们终于发明了多级处理的方法。

明朝的科技著作《天工开物》中，详尽介绍了这种多级处理的方法。

多级处理的方法主要是将多种分离纤维的方法结合在一起，提高分离纤维的效果。先将造纸原料浸泡在水中进行沤料，再把沤过的原料进行碱液蒸煮，蒸煮一次不够，可以反复多次，然后把原料再堆积发酵，最后加以洗涤，舂捣成浆。

直到今天，福建、江西等地区以竹为原料手工生产的毛边纸、玉扣纸等淡黄色文化用纸，仍然在使用石灰浸渍和水浸发酵等传统方法。

上面说的这些，实际上只是取得植物纤维素的第一步。造纸原料经过蒸煮后得到的纤维还不能直接用来造纸，因为这些纤维之间没有亲和力，即使把它们交叠在一起，也不会形成薄片。要把叠在一起的纤维互相结合，还要经过机械处理。

前面提到过，植物纤维可以结合在一起，靠的是氢氧基（-OH）的作用。但是，纤维素有一层外壳，把氢氧基包裹在了里面。因此，必须用捶打、舂捣的办法把外壳打破。这样才能让氢氧基暴露出来，把植物纤维连接在一起。这种捶打纤维的方法叫做打浆。

捶打的方法早已有之，它与浸沤一样，来源于丝绵的制作过程。但是这种方法并不是十分有效，捶打之后，植物纤维还是不能紧密地结合在一起。在"蔡伦造纸"之前所造的纸张，之所以纸质粗糙，就是由于这个原因。据记载，舂捣的方法正是由蔡伦发明的。植物纤维经过舂捣后，再与水混合后，就形成了优质的纸浆。造纸的第一步就完成了。

纸浆制成之后，下一步就是用有细孔的平面筛，把纸浆中的水过滤掉，让含有少量水的植物纤维留在平面筛上，形成一张薄片。这就是造纸的第二道工序。这个过程看起来简单，可在实际操作当

中，用什么样的滤水工具，怎样让纸浆在过滤的过程中形成薄厚均匀的薄片，都是非常有讲究的。这个对纸浆进行过滤的过程，就叫做捞纸或拉纸技术。

纸张的质量不仅仅与纸浆的制作有关，也与捞纸的工具和技术有着密切的关系。

古时候的中国人，通常采用马尾丝或麻细线编织成网筛。由于这样造出的纸张上会带着网筛的纹路，因此叫做布纹纸。从汉朝到晋朝早期，人们所使用的纸张都是这种布纹纸。

后来，捞纸的工具经过改进，换成了用细竹丝制成的竹帘，这种竹帘不容易起皱。因此，用它过滤出来的纸张也比较平整，且薄厚均匀。与布纹纸相同，这种纸上也会留下竹帘形成的条纹，因此人们把它称为帘纹纸。东晋以后，帘纹纸逐渐增多，最后完全取代了布纹纸。

随着时代的发展，人们渐渐淘汰了最早使用的粗竹帘，开始用非常精细的竹丝来制造这种竹帘。于是，纸张的质量也随之不断提高。

如今，上海博物馆中收藏的北宋时期的《东坡谢尼师帖真迹》，所用的纸张正是这种帘纹纸。现代人经过测量后发现，帘纹的宽度仅有0.2毫米，也就是说，竹帘上1毫米的间距里，编着5根细竹丝。另一张出自宋徽宗笔下的《柳鸦芦雁图》所用的纸，帘纹宽度也只有0.3毫米，竹丝的精细程度让人咋舌。可想而知，用这种竹帘捞纸，制造出来的纸张一定是厚薄均匀，纸质优良。

除了捞纸工具以外，在捞纸的过程中，如何让纸浆里的植物纤维分布均匀，也是一个十分关键的问题。好的造纸术，不仅能做到让一张纸薄厚均匀，而且可以保证前后制造出来的纸张，也是薄厚一致的。

为了达到这种效果，魏晋南北朝时，工匠们开始在纸浆中加入淀粉溶液，以增加纤维在纸浆中的悬浮度和黏滑性。后来，人们又从一些植物中提取黏液，作为"纸药"，效果更佳。

另外，工匠的捞纸动作也很有讲究。当时的人们为了使纸张的薄厚一致，创造出一种十分简单有效的捞纸动作，叫做"拍浪"。所谓"拍浪"，就是把竹帘放在纸浆的悬液中摇动，使纸浆上下翻动，然后手持竹帘，迎浪而上，浪动捞起，送浆上网。这一系列动作说起来简单，可是真正制作的时候却需要工匠的经验和技巧，而且要求动作敏捷快速。只有这样，才能制造出优质的纸张。

根据古代的文献记载，东晋和刘宋(南北朝时的一个朝代)时期，曾出现过一种长达50尺的纸。制造这样大的纸，需要巨大的竹帘，并且要由数十人同时举帘捞纸。这就要求捞纸的工匠动作协调一致。于是，当时的人们就想出了用击鼓的办法，统领所有人的动作，这样才能保证捞出来的纸张薄厚均匀。

南北朝时，中国已经可以制造出像菜叶一样薄的纸张。到了隋唐时期，纸张的厚度已经达到0.1毫米左右，扬州的"六合纸"更是薄如蝉翼，且质地坚韧。宋朝最好的"澄心堂纸"，也是因为细薄光滑而出名。上海博物馆收藏的宋代《法喜大藏经》，用的正是这种纸。它的厚度只有0.05毫米，可见细薄的程度。

中国古代能造出这些质地优良的纸张，与工艺的进步、手工的精巧是分不开的。

"千年寿纸"：宣纸

自从汉朝人发明了造纸术之后，中国历朝历代都会生产出许多名纸。它们展示了中国造纸技术的进步和辉煌成就，也表现出造纸工匠的创造能力。在这些名纸中，又以宣纸最为出名，它一直在海内外享有盛名，且至今仍然焕发着活力。

宣纸易于保存，经久不脆，且不会褪色，因此被称为"千年寿纸"。正是因为它的存在，中国大量的古籍珍本、名家书画才得以保留至今。

宣纸是以檀树皮作为主要原料制成的纸，因产于唐代宣州府（今安徽省泾县）而得名。这种纸由于质量好，既适于书画、摹写，又适于印刷，因此一直受到中国乃至世界人民的喜爱。

关于宣纸的由来，民间流传着这样的传说：蔡伦去世之后，他的弟子孔丹继承了师傅的衣钵，来到皖南，以造纸为业。为了把蔡伦的造纸术发扬光大，孔丹一直致力于造出世界上最好的纸。然而，时光如白驹过隙一般匆匆流过，孔丹却一直没能得偿所愿。一天，孔丹偶然在溪边看到一棵古老的青檀树。这棵古树经过年复一年的日晒水洗，树皮已经腐烂变白，露出了一缕缕修长洁净的纤维。孔丹见到之后，大喜过望，于是开始试验用青檀树的树皮造纸，并最终造出了一种质量上乘的宣纸。

不过，史学家们普遍认为，宣纸产生于唐代。唐朝张彦远所撰的《历代名画记》中写道："江东地润无尘，人多精艺，好事家宜置宣纸百幅，用法蜡之，以备摹写。"据专家考证，这是关于"宣纸"一词的最早记载。

在宣纸的历史上，有一个家族声名显赫，这就是小岭曹氏。公元1229年，年轻的曹大三带着族人迁到了皖南山区。他们聚族而居，以造纸为业，就地取材，始创宣纸。后来，曹氏后人又摸索建立了一套"灰碱蒸煮、雨洗露炼、日曝氧漂"的制料和"捞、晒、剪"环环相扣的制纸工艺。这套工序代代传承，一直沿用至今。

皖南山区是宣纸的产地。这里山清水秀、气候温润，生长着制造宣纸的原料作物——青檀树，一年四季流动的山泉水也为造纸提供了理想的水源。

早在唐朝，宣州府就已经因为出产宣纸而闻名于世，宣州的官员还把宣纸作为上好的贡品献给当时的皇帝。那时的书画家们，也视宣纸为文房珍品，对之宠爱有加，四处收集采购。到了唐朝末年，宣纸的质量更加突出，并超过了四川省（当时中国的主要产纸地区）所造的名纸。

宣纸除了分为生宣和熟宣以外，还包含许多种类。当时，宣州进贡给朝廷的有表纸、麦光纸、白滑冰翼纸、白滑纸、七色纸等。其中，七色纸进贡的数量最多，高达1800万张。清朝乾隆年间，宣纸的生产达到鼎盛时期，光是精致的"玉版纸"就有近百个品种，其中又以安徽泾县所产的"汪六吉纸"最为名贵。

明朝时，宣纸进入重要的发展阶段，这与明清出版业的兴盛不无关系。尤其是自明隆庆、万历后，与宣纸产地泾县毗邻的徽州府，成为全国四大刻书中心之一。一批经济实力雄厚的徽商涉足出版界，推动了宣纸业的发展。

到了清朝，纸坊遍及县内各地，全县共有纸棚40余家，纸槽156帘，诞生了"白鹿""鸡球"等老字号品牌。那时的造纸工艺也更加成熟。

自从宣纸闻名四海之后，皖南山区各家各户都干起了造纸的营生。清朝的赵廷辉还曾写诗描述过这一繁荣的景象："山里人家底事忙，纷纷运石叠新墙。沿溪纸碓无停息，一片春声撼夕阳。"

我们都知道，上乘的宣纸"轻似蝉翼白如雪，抖似细绸不闻声"。

宣纸洁白如雪，优于一般的书写纸许多，而且这种白色十分柔和，即使看的时间长了，也不会觉得刺眼，只让人觉得赏心悦目。除此之外，宣纸的白度很稳定，经久不变，甚至可以保持上百年。现如今，各地博物馆里所收藏的名家书画，不少都是在宣纸上书写或绘画的。这些宣纸的颜色很多至今仍然洁白如新，那种色泽是其他纸张或现代用漂白工艺制出的白纸所不能比拟的。

宣纸柔软又有韧性，它不像一般纸张那么硬和脆，即使折叠几十次也不会发生断裂。而且，宣纸在湿润的状态下也有很大强度。因此，人们可以随心所欲地在纸上挥毫泼墨，不用担心用笔稍重而导致纸张破损。

除了洁白和柔韧之外，宣纸良好的韵墨性能，也是它极适合中国传统书画艺术的原因之一。所谓韵墨，就是墨汁在纸上化开之后，形成的浓淡不同的层次。我们都知道，西方的油画家为了让画作在

视觉上富有立体感，通常都借助于辅助光线、阴影和着色的手法。其实，中国的传统绘画也讲究这种立体感，但与西方的远视法不同，国画主要靠的是画家的笔墨功夫和纸张的韵墨性能所造成的墨色深浅不同的层次感。用宣纸作画，墨汁在纸上化开后，墨色由深至浅，能达到 5 个层次之多，可以表达各种远近明暗，使画作充满了立体感。

而且，墨汁在宣纸上晕开后，扩散均匀，不会形成锯齿状，由深至浅的变化也十分自然，没有明显的边缘或分界。因此，画家可以利用宣纸这种韵墨性能，创作出理想的作品。

中国著名文学家郭沫若曾说过："中国的书法和绘画，若离了宣纸，就无以表达艺术的妙味。""横眉冷对千夫指，俯首甘为孺子牛"的鲁迅，也极为推崇宣纸。20 世纪 30 年代，鲁迅曾把宣纸寄给苏联的木刻家，让他拓印木刻作品。这位苏联的木刻家在用过宣纸之后，评价道："中国宣纸举世无双。它湿润、柔和、敦厚、吃墨、光而不滑、实而不死。如果手拓木刻，宣纸是最理想的纸张。"

宣纸之所以拥有这么多的优点，与制造它的原料脱不开关系。青檀树是中国特有的树种，生长在皖南广大的丘陵地带，它栽培方便，生长期短，给制造宣纸提供了理想而又丰富的原料。青檀树的树皮纤维细长，拉力很大，因此宣纸才具备柔韧的特性。而且，青檀树皮的细胞壁很薄，纤维长短粗细均匀，吸墨后，胞壁胞腔很快就会布满细小的墨粒，而且分布均匀，这是宣纸吸墨性和韵墨性能好的根本原因。

要想把青檀树皮加工成宣纸，需要经过 18 道工序，上百道操作步骤。如果按照传统工艺加工宣纸，就需要 300 天时间。光是摊晒树皮这一道工序，就要 4 个月。用如此之长的时间来加工宣纸，是为了保证它的质量。4 个月的日晒雨淋可以去除树皮中的杂质，空气中的臭氧对树皮进行了漂白。由于在这个过程中，没有使用化学试剂，只靠自然的缓慢作用，因此树皮纤维的损伤相对来说就小得多。这样一来，就保证了纤维的强度、柔软度、光滑度，以及洁白的颜色。

除了摊晒的步骤以外，在传统工艺中，各道程序也讲究保持纤维的本来性能。例如打浆时，采用石臼舂捣，不用机械切割，这样舂捣出来的纤维长，可以避免纤维太短造成的起毛，保证了宣纸的柔韧性。捞纸用两次上浆的办法，与一次捞浆相比，有纤维交织均匀、结构紧密、纸张光润细滑、吸墨韵墨性能更佳的特点。

除了原料和工艺之外，皖南四季长流的山泉水，也是造出优质宣纸的重要条件。现代人对皖南山区的水质进行化验后发现，当地的泉水浑浊度为零，水质软，酸碱度接近中性，且四季水温均衡。用这样的优质水源造纸，无论对纸张的寿命还是外观来说，都是十分理想的。

古人当然不懂什么化学知识，但是他们依然可以从泉水的清澈程度中，判断出它对造纸行业的影响。宋朝的祝穆就在自己撰写的《方舆胜览》中写道："大抵新安之水清澈见底，故纸如玉雪者，水色所为也。"

从宣纸的原料和它的工艺流程中，我们可以看到中国造纸术的发展和精华。直到今天，宣纸依然拥有着强大的生命力，其质量更是达到了前所未有的水平。除了满足国内人民的需求外，宣纸还出口到国外，并且受到世界人民的普遍赞誉。

造纸术的传播

在纸发明以前，世界上各个国家和民族所用的书写材料都不尽相同。我们已经知道，中国古人曾经用过的书写材料有简牍、缣帛以及金石等等。那么，其他国家又是用什么来做书写材料的呢？

虽然世界上各个民族所采用的书写材料各不相同，但人们采用这些材料的理由却不谋而合，那就是就地取材。

在埃及的尼罗河边，生长着一种莎草科植物，埃及人把它称为"纸草"。人们把它的头部和根部切去，再把茎的薄皮铺在一起，然后压紧、晒干、磨光，就可以在上面写字了。两河流域的苏美尔人和古巴比伦人，用的是泥砖板，人们趁它还软时，用硬笔在上面压出楔形文字，然后晒干保存。印度等东南亚国家生长着一种热带阔叶乔木，那里的人会把这种树叶取下，晒干后用于书写，中国人把它称为"贝叶"。而欧洲人则用羊皮书写。

但无论是埃及的纸草，两河流域的泥砖板，还是印度的贝叶，都不能与纸相比。它们不像纸那样洁白、平滑、柔软，更不能在使用的时候随便折叠。而羊皮则由于来源有限，且价格昂贵，因此无法普及。与这些书写材料相比，纸无疑是最先进的，它具有重量轻、价格廉、便于书写等优点。

于是，当世界上的其他民族得知造纸术以后，便争相模仿，造纸术就这样传播到世界各地，并推动了人类文明的进步。

东汉末期，中国南北各地都有了造纸术。西汉以后，中国与朝鲜、越南、日本、印度等国发生了频繁的政治往来和经济文化交流，也与中亚各国和西亚的大夏、安息（今伊朗）甚至还有罗马帝国发生了直接或间接的经济文化交流。这些交流是通过陆路和海路两条途径进行的。

中国地处亚洲东部，因此，纸和造纸术首先传播到东亚各国。越南、朝鲜与中国山水相连，交通最为便利。因此，纸张早在东汉末期就传到了这两个国家。

早在公元 2 世纪末，纸张就传到了越南。不久之后，越南人便掌握了造纸技术。西晋的文学家陆机在《毛诗草木鸟兽虫鱼疏》中就提到交州造榖皮纸。当时的交州南部就是现在越南北部的几个省。也就是说，西晋时期，越南已经可以自己造纸了。

越南盛产各种造纸原料，因此纸也成为越南重要的手工业产品之一。据《安南志略》记载，越南陈朝艺宗绍庆元年（明洪武三年，公元1370年），大越艺宗派遣使者把越南产的纸扇送给明朝皇帝朱元璋。从1407年以后的十几年间，越南北方六个府每年送给明朝纸扇1万把。据《越南辑略》记载，公元1730年，清雍正皇帝赠送越南书籍、缎帛、宝玉器皿，而越南方面回赠的礼品中就有金龙黄纸200张。

朝鲜紧邻中国，早在秦汉以前，就有中国与朝鲜交往的记载。几千年来，中国的书籍文献一直不断流入朝鲜。魏晋南北朝时期，当时朝鲜半岛上的新罗、高句丽和百济的三国时代就流传着不少中国书卷。据日本历史记载，公元285年，朝鲜南部的百济国王仁至日本，携有《论语》《千字文》等纸抄书。日本国王见王仁博学多才，还带有那么多用洁白、精致、轻巧的纸张抄写出来的书籍，十分惊喜，于是留下他当太子的老师。由此看来，纸张传入朝鲜不会晚于西晋初年，且极有可能是在东汉末年。

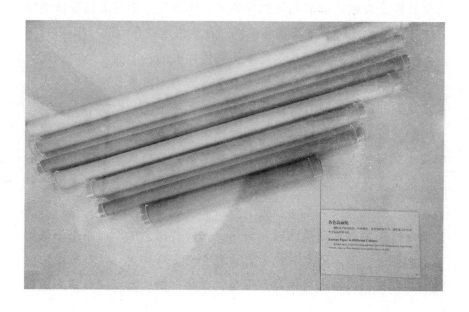

公元 384 年，中国东晋一位法名为摩罗难陀的和尚，带队从山东出发，东渡到百济国。他们到百济国后，向国王献上大量书籍，还把造纸术传授给了朝鲜人民。从此，造纸术就开始在朝鲜半岛流传。

造纸术传到朝鲜后，当地人民在长期的生产实践中，不断发展创新造纸技术，造出了一些名纸。如"鸡林纸"，纸质坚厚，正反光泽如一，可两面书写，有"茧纸"之称，为中国印刷工匠所喜爱，宋代很多书籍就是用"鸡林纸"印刷的。而色白如绫，坚韧如帛，用以书写，韵墨良好的"高丽纸"，更是在中国享有盛誉，被誉为纸中"奇品"。

从王氏高丽（公元 936—1392 年）时起，朝鲜纸就经常向中国出口。宋代人喜欢用高丽纸作为书卷的衬纸，由于这种纸质地坚实，宋代士大夫间常以高丽纸相赠。高丽纸扇从宋代以来就受到中国人的欢迎，北宋著名文学家苏轼还曾称赞过高丽纸扇。宋朝南渡后，临安（今杭州）市场上还有纸扇铺模仿制造的高丽纸扇。元代还屡次派使臣去高丽，选取印佛经用的纸。明清时，李朝的高丽纸继续在中国流传，明代书画家董其昌特别喜欢用这种高丽纸写字。

日本人学会造纸术，也是由朝鲜传过去的。上面已经提到过，百济国人王仁在公元 285 年携中国手抄纸书到日本，这是日本人第一次见到"纸"这种书写材料。但日本学会造纸技术的时间较晚。

公元 610 年，朝鲜和尚昙征渡海来到日本，把造纸术告诉了当时日本的摄政王——圣德太子。圣德太子十分高兴，立即下令在全国各地设立造纸厂，并派人到中国学习造纸术，开始了日本的造纸历史。

日本刚刚兴起造纸业时，多用破麻布和楮皮造纸，其制浆技术和中国是一样的。平安时代（公元 794—1192 年），日本造纸生产进一步发展，日本天皇还在京都设立了官办的"纸屋院"，即造纸作坊。据日本古代小说《源氏物语》所说，当时日本还造出了蜡染纸、青折纸、紫纸、赤纸、胡桃色纸、交纸等加工纸。

日本的"和纸"是著名的手工业产品之一。就是在机制纸占统治地位的今天，纯手工制作的和纸仍是日本书画家喜爱使用的传统工艺品。

除了越南、朝鲜、日本以外，中国的造纸术也传到了印度、巴基斯坦、尼泊尔、泰国、柬埔寨等亚洲国家。

印度是中国西南部邻国，两国交往源远流长。在纸传入印度之前，印度的书写材料是贝叶。贝叶是棕榈树的阔叶，这种树叶长大厚实，取用方便。把它晾干后剪成长方形硬片，就可用来写字。这种树叶在当地称为贝罗树叶，中国简称贝叶，印度的佛经就是写在贝叶上。唐玄奘法师到印度取回的佛经就是贝叶经。

古代印度除使用贝叶以外，还习惯用桦树皮来写字，《华严经》上提到"如来剥皮为纸"的说法。印度很早就有棉布，将棉布打磨，磨平表面短毛，涂上糨糊，也可以用来写字，叫做"棉布写卷"。古代印度利用树叶、树皮和棉布书写的历史很悠久，但它们只是纸的代用品，并不是真正的纸。

至迟在西汉初期，中国和印度之间已经有了经济往来。从魏晋南北朝开始，中国就有僧侣到印度去取佛经，并把纸带到了印度。7世纪末期时，印度已经可以自己造纸。

孟加拉也是中国的近邻，造纸术传入孟加拉的时间大致与印度相差不远。15世纪初，郑和率领庞大的船队下西洋，1405年第一次航行时，经过印度洋沿岸的港口，随同郑和下西洋的马欢在他写的《瀛涯胜览》里提到孟加拉造的纸，光滑细腻如麂皮一般，说明当时孟加拉人的造纸术已达到相当高的水平。

中亚和西亚各国在中国古书中称为"西域诸国"。中国人经由甘肃走廊和新疆，再沿天山西行，经过万里跋涉才能到达西域诸国。

虽然中国和西域诸国远隔千山万水，道路艰险，但是两个地区的人民还是通过丝绸之路建立起了联系。从新疆出土的汉魏南北朝古纸来看，中国的纸，早已随丝绸、茶叶、瓷器等，沿着丝绸之路，传向了西亚各地。

公元 7 世纪起，阿拉伯人形成了横跨亚、非、欧三大洲的大帝国，经济繁荣，军事强盛，文化艺术也有了很大发展，远在当时落后的欧洲之上。这也使他们对纸张产生了迫切的需要，而这种需要远非从中国进口所能解决。何况从中国到阿拉伯，路途遥远，运输时间长、运价昂贵。

公元 8 世纪前后，阿拉伯人学会了造纸。不过，这一切，还和一场战争有关。公元 751 年（唐玄宗天宝十年），唐朝同大食（阿拉伯帝国）在中亚怛罗斯城（原苏联哈萨克地区）发生了战争。在这次战争中，阿拉伯帝国俘虏了一些唐朝士兵，其中有些是造纸工匠。当阿拉伯人发现这一点后，就在距怛罗斯不远的撒马尔罕（今乌兹别克斯坦第二大城），开设了阿拉伯第一个造纸作坊，让中国工匠利用当地的原材料造纸，并把造纸技术传授给阿拉伯的工匠。

阿拉伯人学会造纸后，造纸术很快在阿拉伯各地传播开来，就像 10 世纪阿拉伯的学者比鲁尼在所著书上写的那样：中国战俘把造纸术输入撒马尔罕，从那以后，许多地方都造起纸来。公元 793 年，到达（今巴格达）、阿拉伯湾和大马色（大马士革）等地，接连建立起造纸厂。

公元 900 年左右，造纸术越过红海，传到北非海岸的亚历山大城，在埃及安家落户。生产纸草的埃及也开始造纸，阿拉伯原来通用的纸草慢慢被淘汰。到 10 世纪，纸草已经完全退出了历史舞台。

随着纸的产量增加，纸的用途从书写扩大到用来包裹商品。公元 1040 年左右，有位波斯旅客来到埃及开罗做客，他见到卖菜和香料的小贩都准备纸张，把任何卖出去的东西都用纸包裹，甚为惊奇。由于纸张的普遍使用，用来造纸的破布也从原来的一文不值而身价百倍，市面上破布缺货，以至有人搜掘古墓，剥取缠裹木乃伊的布带，卖给工场，用来做造纸的原料。

公元1100年，北非的费斯城（在今摩洛哥境内）也办起了造纸作坊。至此，西亚、北非都学会了造纸。阿拉伯人造的纸，不仅供应本地，还出口到欧洲和东罗马帝国。撒马尔罕纸就是当时闻名的商品，大马士革造纸后，大马士革纸更是阿拉伯对欧洲出口的重要商品。

欧洲最早的书写材料是蜡版。早在公元前1000年左右，欧洲人就采用蜡板记事，将蜡涂在木片上，然后用金属、象牙、骨针刻写。这种蜡版有点像中国的竹简和木牍。自公元5世纪从埃及引进纸草后，纸草便成为欧洲人的书写材料。

5世纪后，欧洲的达官贵族、教会僧侣又从小亚细亚人那里学

来了用羊皮或牛皮写字的方法。用羊皮或牛皮写字，代价昂贵，非一般人所能问津；同时羊皮或牛皮太笨重，一部圣经要 300 张羊皮，阅读、携带都不方便，所以主要书写材料仍旧是纸草。正因为主要靠纸草书写，以致有一年尼罗河遇上枯水期，大批纸草干枯而死，纸草产量大减，罗马的商业活动出现萧条景象。

8 世纪中叶，阿拉伯造纸工业兴起，撒马尔罕和大马色生产的纸张开始输往欧洲。可欧洲人当时的反应却十分冷漠，甚至傲慢地加以拒绝。原来，欧洲在中世纪的前期和相当长的时间里，文化十分落后，社会上识字的人极少，只有僧侣和贵族才能够接受文化教育。可这些僧侣和贵族都十分保守，不愿意改进书写材料。因此，虽然比纸草和羊皮更加先进的纸张就在眼前，欧洲人却把它拒之门外。

直到纸草已经销声匿迹之后，顽固不化的欧洲皇室还下令必须在羊皮上书写公文。因此，造纸术在很长一段时间内，都没有传播到欧洲。但是，社会的进步是不可抗拒的，纸张显然比羊皮要优越得多。于是，纸和造纸术以它巨大的优越性和生命力，逐渐地征服了欧洲。

最先进入欧洲的纸张，是从小亚细亚的大马色，经过君士坦丁堡（伊斯坦布尔），传入巴尔干半岛，然后渡海来到欧洲贸易中心意大利的威尼斯城。几百年间大马色一直是供应欧洲纸张的主要产地，所以欧洲把这些纸称为"大马色纸"，甚至还误以为纸发明于大马色。这一错竟错了七八百年之久，直到 19 世纪才完全弄清楚纸不是发明于大马色，而是中国。

欧洲的造纸术，是通过阿拉伯而传入的，尽管在此之前，欧洲人早已接触并使用了纸，但这多半是阿拉伯产品经商人贩运而去的，售价自然不便宜。欧洲最早造纸的国家是西南欧伊伯里安半岛的西班牙。

1180 年，造纸术翻过比利牛斯山脉进入法兰西，在法国南部的赫洛尔城出现了造纸厂。从此法国成为欧洲的重要造纸基地和传播造纸技术的中心，大批纸张运往荷兰、比利时、英国、德国等地。

埃及制造的纸张，还横渡地中海，来到西西里岛，并传入意大利。不到半个世纪，意大利从南到北，从地中海沿岸到亚德里亚海边，纷纷建起了造纸厂，并能生产出精美的纸张，意大利成为欧洲另一个造纸中心。

在 14 世纪后半叶，德国用纸量与日俱增，但主要从意大利进口。中国的活字印刷术传入欧洲后，意大利纸在数量上再也满足不了德国的需要。于是，德国人也开始自己造纸。1320 年左右，德国从法国引进了造纸技术，在美因斯和科隆建立起造纸厂。1391 年，德国纽伦堡从意大利招收了大批造纸工人，办起了造纸厂，进一步促进了德国造纸业的发展。德国成为继法国、意大利之后欧洲出口纸张、传播造纸技术的基地，并先后把造纸技术传到波兰、瑞典、丹麦、芬兰、挪威、俄国等国家。

继西班牙、法国、意大利、德国建造造纸厂之后，比利时、荷兰、英国、波兰、瑞典、丹麦、挪威、芬兰、俄国也先后设厂造纸。至此，中国的造纸术已传遍欧亚大陆。

纸张的传入，为欧洲传播先进思想和科学文化提供了有利的工具，对欧洲文艺复兴和以后的科学技术的发展起了一定的作用。

当欧洲各国在 17 世纪相继设厂造纸后，美洲大陆除用羊皮、树皮等古老书写材料外，还主要靠从欧洲进口纸。16 世纪下半叶，造纸术传到了美洲。1575 年，西班牙人在墨西哥的喀塘城，建立了美洲第一家造纸厂。1690 年，荷兰人把造纸术带到了费城，揭开了美国造纸史的第一页。1803 年，造纸术又传到加拿大。这时中国的造纸术已传遍全世界，但距中国发明造纸术已有近 2000 年了。

2000 年来，中国的纸和造纸术，历程数万千米，终于传遍了世界各地。它对传播先进思想，促进科学发展，以及各国家和各民族间的文化交流，都具有极为重要的意义。这是中华民族对人类社会发展的杰出贡献。

印刷术：传播速度的突变

印刷术，中国古代四大发明之一，也是古代劳动人民智慧的结晶。如果说纸张为知识的传播提供了经济便捷的载体，那么印刷术则为知识的传播插上了一双翅膀。

有人把印刷术称为"文明传播之母"，实在是再恰当不过了。它使知识冲破了时间和空间的限制，以飞快的速度向四面八方传播。

印刷术的发明和推广，不仅是中国古代文明发达的标志，也是人类文明发达的标志。

如果没有从中国引进造纸术和印刷术，欧洲可能要长期停留在手抄本的状况，书面文献不可能如此广泛流传。

——美国著名学者罗伯特

石头上的刻印

自从纸出现以后，这种价格低廉、质地轻软

的书写材料，逐渐赢得了人们的青睐。到了东晋后期，纸已经完全取代了简牍和缣帛，成为当时人们的主要书写材料。随着纸张的广泛使用，越来越多的书籍也走进了人们的视野。

随着时代的发展，经验和知识的传播变得越来越重要，人们对书籍的需求量也因此不断增大。在印刷术发明之前，这些书籍都要由人抄写。人们想要读书，只能先借到书，再把它整本抄写下来。写书的人想要传播自己的著作，同样也要靠抄写，需要多少本，就要抄写多少遍。

于是，问题也就随之而来了。如果遇到一本大部头的书，一个人可能要抄写几年，甚至更长时间，这使得一本书在短时间内很难传出较多的复本。而且，人们在抄写过程中，还容易出现错抄或是漏抄的现象，这对知识的传播也十分不利。

由于抄书费时费力，成本又高，因此在唐宋之前，书的复本比较稀少。北宋之前，百姓家中藏有书籍的人也不过百分之一二。许多重要著作也因此佚失不传。

后来，随着科举考试制度的出现，古人对于儒家经典文本的需求日益增强。原先人工抄写的方法，越来越无法从质量和数量上满足古人的阅读需求。因此，人们迫切需要一种能够快速得到大量书籍复本的技术。

不过，任何科学技术都不是一朝一夕得来的。人们在长期的实践中，会不断受到各种相关事物的启发，并总结经验，最后才能发明出一种新的技术。雕版印刷术从印章、拓碑的原理中得到了很大的启发。

印章，又称图章、印信、手戳，古时候的主要作用是让人辨别书信的真伪。直到今天，人们在办理形形色色的手续时，仍然需要印章来证明其真实性：签订合同、发布通知、开具证明……哪一项都离不开它。书画家们更是会在作品完成后盖下印章，一是为了美观，二是为了防止别人造假。

据考察，早在战国时期，中国已经出现了印章，现代人将它们称作"战国玺印"。我们已经知道，那时的古人大多用简牍来记事和通信。人们每写完一篇文章后，就会把竹简卷起来，再用绳子捆上。由于许多公文和私信都需要保密，因此古人就发明了一种办法：在捆绑竹简的绳子上敷一层泥，再在上面加盖印章，以此作为封口的标记。也正是由于这个在泥上加盖印章的做法，人们至今仍把印色称为印泥。

现代考古学家在挖掘战国时期的遗址时发现，那些深埋于地下的简牍往往都已经腐朽殆尽，而作为封口的印泥却常常毫发无损。而且，这些封泥上的文字，大多为王公贵族的官衔或名字，这对于历史研究来说是极为宝贵的。

《集古印谱》是中国现存最早的汇集古代印章图式的书。这本印谱上所记录的先秦古印为数不少。由此可知，在秦朝以前，印章已经十分流行。

到了汉代，宫廷和民间使用印章已经相当普遍，印章雕刻更是成为一门重要的艺术。随着造纸术的发展，印章也不再用于做泥封，而是改为蘸取红色的印色，加盖在纸上。这就离雕版印刷近了一步。它们之间的区别只在于：印章尺寸小、文字少，目的在于防伪；

而印刷尺寸大、文字多，目的在于制造复本。

到了晋代，由于道教的兴起，很多道士都会用桃木或枣心木来做符印，用以镇邪驱怪。正是由于刻写符文的需求，印章上所刻的文字，也由最开始只能刻几个字，变为最多可以刻120个字。这无疑离印刷术的产生又近了一步。

除此之外，印章与雕版印刷还有一个相同点，这也是印章对雕版印刷影响最大的地方。

印章的文字分阳文、阴文两种。如果印章上刻的是凸出来的字，就叫做阳文；如果是凹进去的字，就是阴文。无论阳文还是阴文，刻在印章上的时候都是反刻。只有当印章加盖到纸上以后，呈现出来的才是正字。这种阳文反刻的原理，正是雕版印刷术的关键所在。

印章与印刷术的关系说完了，下面我们再来说说拓碑。现如今，每年高考之前，全国各地都会有许多考生到孔庙祭拜孔子，北京的考生也不例外。每当大考临近，北京的孔庙和国子监里，都会挤满了前来祭拜和参观的莘莘学子。而他们中的大多数人都会在一片碑林中驻足。

这片碑林中共有198座石碑，上面镌刻着元、明、清三个朝代的各科进士姓名，其中不乏我们所熟知的名人，如明朝的张居正、于谦，清朝的纪昀、刘墉、林则徐、康有为等等。人们穿梭在这片时间跨度达数百年的碑林中，轻抚旧貌斑驳的碑身，仰望碑面上已模糊的字迹，不免会发出"江山代有才人出，各领风骚数百年"的感慨。

然而，这些石碑由于年代久远，又长期经受风吹雨打，碑身已经受到了不同程度的损坏，很多字迹都已模糊难辨。为了把这些珍贵的文字保存下来，现代人使用一种古老的印刷技术把它们复制了下来，这种技术就叫做拓碑。

拓碑技术是把石碑或器物表面上的文字或图画复印到纸张上的

一种方法，又称捶拓、拓印。拓碑技术的出现与石经（刻在石碑上的儒家经典）有着密切的联系。

我们在说造纸术的时候曾经提到过，中国最早的石刻是春秋时期的石鼓文。由于石头不怕水、不怕火，且经久不坏。因此，古人越来越喜欢把重大的事情刻写在石头上，以便让后人看到。秦始皇

统一中国之后，曾经巡视全国各地，他每到一处，都要立下石碑，刻上自己的丰功伟绩。如今，在琅琊台和泰山还留有一小部分当年秦始皇留下的石刻。到了汉朝，这种刻石的风气更加流行，且种类繁多，石经就是在此时出现的。

公元前2世纪，汉武帝罢黜百家，独尊儒术。从此之后，儒家经典被广泛运用在幼儿教育和国家政治生活中。这些儒家经典的正确性和权威性也开始变得尤为重要。但在当时，这些文章都依靠手抄流传，这就很容易造成"以讹传讹"的现象。而且，由于文字自

身的发展，许多字的字体也发生了改变。因此，西汉学者常常因为一篇儒家经典的解读而产生分歧。

至东汉年间，大文学家蔡邕针对儒家经典时常被抄错的现象，提出了一个建议：把这些文章全部刻在石碑上，作为标准本，立在洛阳（东汉首都）城南的开阳门外，以供人们抄写核对。汉灵帝欣然接受了这个提议。

《后汉书》中的《蔡邕传》对这件事情做了详细的记载：

> 邕以经籍去圣久远，文字多谬，俗儒穿凿，贻误后学。熹平四年，乃与五官中郎将堂溪典，光禄大夫杨赐，谏议大夫马日磾、议郎张驯、韩说，太史令单飏等，奏求正定六经文字。灵帝许之，邕乃自书于碑，使工镌刻，立于太学门外。于是后儒晚学，咸取正焉。及碑始立，其观视及摹写者，车乘日千余两，填塞街陌。

该石经从公元175年开始镌刻，直到公元183年才完成，足足花费了9年时间。石碑共46块，刻写了《易》《书》《诗》《仪礼》《春秋》《公羊传》和《论语》共7部儒家经典，总共20余万字。这是儒家经典第一次被刻写在石碑上，它在中国文化史上留下了光辉的一页，历史上称之为"熹平石经"。

自从石经立在开阳门外之后，读书人都前去阅读和抄写。但由于抄写太过费时费力，人们逐渐发明了"拓碑"的方法，即把沾湿的纸张贴在石碑上，用软刷把纸张刷匀，然后用手轻轻拍打，让纸紧贴石碑，等纸张稍干之后，再用细布包裹棉花做成拓包，蘸上墨汁，在纸面上轻轻拓刷。由于石碑上所刻的字是凹进去的，因此，纸张揭下来以后，就变成了黑底白字的复制品。这种复制品被称为拓本或拓片，而这种复制方法就叫做拓碑。

熹平石经
东汉熹平四年至光和六年（公元175～183年）
洛阳市太学遗址出土
Stone classics of *Xiping* period
4th year of Xiping period to 6th year of Guanghe period,
Eastern Han dynasty (A.D.175～183)
Excavated at the site of the Royal-School in Luoyang city

经过一段时间的发展，石刻重要著作和拓碑的方法，不再仅限于儒家。到了魏晋时期，许多佛教寺院和道观里，也开始利用这种方法来发展自己的学说。

拓碑显然比抄写要省时省力得多，它也为印刷术的发明提供了技术条件。

拓碑与雕版印刷的目的相同，都是用纸从雕刻物表面上取得复本的方法。不同之处在于石刻上的文字是向里凹的正写字，雕版印刷的字是凸出版面的反写字；拓碑是将纸先铺于石上，然后刷墨，雕版印刷是将墨先刷在版面上再铺纸，然后轻刷纸张的背面，将反文印到纸上，翻转过来便能得到正字；拓印所获得的复本是黑纸白字的，而印刷得到的却是白纸黑字的书。

后来，人们从印章和拓碑上得到启发，发明出了用整块木板作为雕刻材料，把文字反刻在上面，然后刷上墨，铺上纸，用刷子在纸上刷印获得复本的技术。这就是雕版印刷术。

因此，从技术条件上来说，正是由于有印章和拓碑的技术原理作为铺垫，古人才能在此基础上，发明出雕版印刷术。雕版印刷的发明不是偶然的，经过很长时间和无数先驱者的研究，发明雕版印刷的条件才逐渐成熟。这些条件就像是一根链条一样，一节连一节，一环扣一环，缺少哪个部分都不行。

雕版印刷的发明

雕版印刷与造纸一样，都发明于中国，这一点是世界公认的。然而，关于雕版印刷术究竟发明于何时，史学界却争论了很长时间。

中国印刷史学家张秀民曾在《中国印刷史》上写道："对此问题古今中外约有五六十家的不同看法，可归纳为从汉朝说一直到北宋说等七种，可见意见之纷纭。经过长期争论，汉朝说、东晋说、

六朝说，都嫌过早，北宋说又过晚，早已淘汰。清代流行的五代说，已为敦煌发现的唐咸通本《金刚经》等实物所推翻，而隋朝说因为误解文献，信者不多，这样剩下的只有唐朝说了。"

经过反复讨论，大多数专家认为雕版印刷的起源时间在公元590—640年之间，也就是隋朝至唐初。而印刷史学家张秀民最终得出的结论，是唐初贞观说。从种种实物和史料线索来看，唐代说也是最为可信的。我们先来看看考古实物和史料方面的证据。

已知中国最早的木刻书，是在敦煌发现的《金刚经》。由于这本书的卷末印制了一行字——"咸通九年四月十五日王所为二亲敬造普施"，因此可以确定它的制造年代是在公元868年。这个名叫王所的人，也因此成了世界上记载的最早的印书人。关于王所，史书上没有更多的资料可寻。现代人推测他应该是普通的民间佛教弟子，为了替父母祈福消灾，才出资刻印了佛经。

在中国、日本和亚洲其他信奉佛教的国家中，《金刚经》是人

们最喜欢抄写的一部经书。实际上，《金刚经》的内容十分深奥，但是由于书中一直强调如果向别人传布此经，可以得到无量的功德，因此，人们认为只要抄写这本经书，就可以积德造福。

这部《金刚经》是用 7 张纸粘贴成的一整卷。卷首上，印着释迦牟尼坐在莲花座上，对他的弟子讲解佛法的图画。画上的佛祖相貌庄严，神情安详慈悲，画面精美。经文上所印的字体也十分端正清秀。

咸通本《金刚经》是世界印刷史上一颗璀璨的明珠。然而让人感到痛心的是，这一珍贵的历史文物，已经与其他敦煌写本一起，被英国人斯坦因在 20 世纪初期窃取到了自己的国家，现藏于伦敦的英国博物馆中。

现代人从这本书的印刷水平上判断，它绝不可能是最早的雕版印刷产品，在它之前，雕版印刷应该已经发展了相当长的一段时间。

关于印刷术的发明时间，亚洲其他国家的考古发现，也可以作为很好的佐证。1966 年，人们在韩国庆州佛国寺佛塔内，发现了用雕版技术印刷的《无垢净光大陀罗尼经》。根据专家考证，这本书应是在中国的唐朝中期刊印的。它比在敦煌发现的咸通本《金刚经》长 4 尺，时间也早了 100 多年。

这本《无垢净光大陀罗尼经》，是武则天在位时翻译成中文的。如今，在朝鲜和日本发现的经文，都是这一译本。日本的经文是自己用雕版技术印刷的，而朝鲜的经文则极可能刊印自中国。无论如何，这些考古实物都表明，雕版印刷在唐朝中期，已经成为印制佛经的重要工具。

实际上，佛教僧侣和信徒，正是最早使用印刷术的人。隋唐时期的统治阶级为了自己的政治需要，十分推崇佛教，民间的信徒也在这一时期大增。人们为了大量传播佛教经典，就需要一种能大量复制佛经的技术。一开始，僧侣们把佛像雕刻在木板上，复制到纸张上以后，向信徒们散发，后来逐渐发展为把有图有文的佛教宣传品批量复制。这就是早期的印刷技术。

唐朝初年，这种佛教宣传用品的印刷已经十分盛行。中国古代四大名著之一的《西游记》，讲述了唐僧取经的故事。虽然这部小说中的神仙和妖怪在现实世界里并不存在，但"唐僧取经"是确有其事。唐太宗时，年轻的玄奘和尚只身一人到印度取经，历时17年之久，行程数万里，最后取回大量的佛经。他为了宣传佛法，就用雕版印刷的办法大量印刷佛像和佛经，据说他一次印刷的佛像就可以达到数万张。

现在流传下来的早期雕版印刷品，几乎都是佛经和佛像。由此我们也可以看出，佛教的传播极大地推动了雕版印刷的发明和发展。

当然，唐朝经济和政治的繁荣，才是催使雕版印刷发明的基础。唐朝初年，封建统治者采取了一系列缓和阶级矛盾的措施，使得社会相对稳定，经济也得到极大发展，先后出现了"贞观之治""开元盛世"。

在良好的社会基础上，文化事业也出现了繁荣的景象。唐朝出现了"诗仙"李白、"诗圣"杜甫等一大批优秀的诗人。他们的诗篇在民间广为流传，大大刺激了中国知识分子对书籍的需求。

用来复制图书的材料是纸。自从造纸术发明之后，造纸的技术不断提高，造纸的原料也越来越多。到了唐朝，纸的生产成本下降，质量提高，产纸的区域更是遍布全国各地。

印刷业所需要的另一种主要原料是墨。从考古发现上看，在中国发现的新石器时代的陶器和商代的甲骨上，就出现了墨的痕迹。从古代文献上看，早在东汉，中国就已经有了较大的制墨作坊，三国时期还出现了被誉为"一点如漆"的佳墨。唐朝时，中国的劳动人民又发明了印刷用墨。

此外，自从魏晋时期出现楷书以后，汉字到了唐朝初年也已经基本稳定下来。楷书易写易认，而且便于雕刻上板。

由于具备了这些物质基础，又受到印章和拓印方法的启示，因此，雕版印刷术在唐朝产生是必然的。雕版印刷的发明者并不是某一个人，而是广大劳动人民集体智慧的结晶。

贞观十年，唐太宗下令刻印《女则》（唐太宗的皇后长孙氏编写）一书，这是历史上有关政府下令印刷书籍的首次记载，也是第一本印刷的书。

唐朝中期，雕版印刷术在民间已经十分流行。唐穆宗年间，诗人元稹为白居易的《长庆集》作序，其中有这样一句"牛童马走之口无不道，至于缮写模勒，烨卖于市井。"这句话中的"模勒"指的就是模刻。这说明，当时的人们已经开始用印本来传播知识和文化。

当时，雕版印刷在四川和淮南最为兴盛。唐朝时，益州（今成都）的经济十分繁荣，人文荟萃，是当时中国重要的文化中心。柳玭是唐僖宗年间的一个官员，曾担任岭南节度副使。唐僖宗到成都躲避兵祸时，柳玭是随驾官员。后来，柳玭在他撰写的《柳氏家训》中，就记录了成都当地人用雕版印刷术刻印书籍的情况。

五代十国（公元 907—959 年），是介于唐宋之间的一个特殊历史时期。在这段时期里，中国国内四分五裂，军阀割据，先后出现了 5 个朝代，10 余个政权。然而，这一时期的刻书事业非但没有停滞，反而比唐代有了更大的发展。

五代时期出现了私人刻书。这种由达官贵人和文人学士出资雇工的刻书业，被称为"家刻"或"私刻"。毋昭裔是后蜀的一位谋臣，也是当时最有名的私人刻书家。据宋朝王明清的《挥尘录》记载，毋昭裔年轻时酷爱读书，可是他的家境十分贫困。一次，他向朋友借《昭明文选》看，朋友却不愿借给他。他从此发誓，如果有一天自己有钱了，一定要刻印这些书籍，提供给想读书的人。后来，毋昭裔果然发迹，当上了后蜀的宰相。为了实现自己的诺言，他先后刻印了《昭明文选》《初学记》和《白氏六帖》等书。

后唐宰相冯道为让儒家经典广播天下，向皇帝上书，奏请雕印儒家"九经"，得到了皇帝的批准。这"九经"分别是《周易》《诗经》《尚书》《周礼》《礼记》《仪礼》《春秋左氏传》《春秋公羊传》和《春秋谷梁传》。实际上，除了这9本书外，冯道还主持刻印了《经典释文》《五经文字》和《九经字样》，加上之前说的"九经"，总共是12部书籍。这12本书从公元932年开始刻印，到公元953年全部完成，历时22年。

这一事件标志着印刷术从民间走入官府，并影响了之后的几个朝代，宋朝的国子监刻书正是以"九经"为底本刻印。此外，中国图书的主流形式，从此正式由手抄本转变为印刷本，中国古代图书的出版活动由此开始进入了一个全新的阶段。

虽然唐代已出现印刷术，但其使用仅限于部分地区，且只在民间流传，社会上通行的基本上还是用手抄的办法来获取图书复本。到了五代，统治阶级由看不起印本书转为提倡刻印，从而使印刷术更快地传播到各地，印刷事业也以更快的速度向前发展。

印刷术之所以能够发明于中国绝不是偶然的。它是中国古代劳动人民在长期的生产实践中积累的智慧和经验的结晶，也是社会经济、政治和文化不断发展的成果。

毕昇发明活字印刷

宋朝的印刷业取得了极高的成就，不仅仅因为当时是中国的雕版印刷的巅峰时期，更重要的是宋朝发明了活字印刷术。中国古代四大发明之一的印刷术，其实主要指的就是活字印刷，因为它把雕版印刷进行了改进，成就了印刷术的真正发展。

雕版印刷为传播文化做出了巨大的贡献，但是，这种印刷方法也存在着很多缺点。例如，雕版所需的费用较大，且十分耗费人力和时间。

用雕版印刷刻一部书，印一页就要刻一块木板，如果要刻印长篇巨著，往往要耗费几年的时间。像五代时期刻印的九经，就耗费了22年的时间，工程量巨大。而且，这种好不容易才刻成的雕版，除了印刷这一种书，就再没有别的用处了。

此外，每刻一部书都要用新的木材，在雕版印刷繁荣阶段，消耗的木材更是不计其数。而且，由于雕版工程量大，出现错误也是常见的事。还有一个不利因素，就是版片的储藏管理很不容易，每逢一次战乱，就有大量雕版会毁于战火。此外，虫蛀、鼠啮、温度湿度的变化等因素也容易使印版破损、断裂、变形。

因此，古人在雕版印刷的基础上，进行了新的探索，最终发明了活字印刷术。所谓活字印刷，就是先制成一个个独立的字印，然后按照稿件，把字符挑出来排成一块字盘。印完后可把字符拆散，下次仍可排印其他书。这样每次印书就不必一整块一整块地雕板，可节省劳力费用，还能提高书籍的印制速度。

宋朝庆历年间，活字印刷诞生了，印刷术从此进入了一个新的时代。活字印刷的发明者名叫毕昇，是生活在宋朝的一个普通百姓。他发明活字印刷的时间，比欧洲的古腾堡用活字印《圣经》的时间，早了400年。

关于活字印刷的发明，沈括在《梦溪笔谈》中有详细的记述：

板印书籍，唐人尚未盛为之，自冯瀛王（冯道）始印五经已，后典籍皆为板本。庆历中，有布衣毕昇又为活板。其法：用胶泥刻字，薄如钱唇，每字为一印，火烧令坚。先设一铁板，其上以松脂、腊和纸灰之类冒之。欲印，则以一铁范置铁板上，乃密布字印，满铁范为一板。待就火炀之，药稍熔，则以一平板按其面，则字平如砥。若止印三二本，未为简易，若印数十百千本，则极为神速。常作二铁板，一板印刷，一板已自布字，此印者才毕，则第二板已具，更互用之，瞬息可就。每一字皆有数印，如'之''也'等字，每字有二十余印，以备一板内有重复者。

按照沈括的记载，毕昇是用胶泥为原料制作活字。胶泥的厚度近似铜钱，刻好字后用草火烧过，使其更为坚固，成为陶质活字。毕昇的排版方法是：先设一块铁板，在上面布一层松脂、蜡和纸灰之类的混合物，再将一铁范置于铁板上，即可将活字整齐地排放于铁范内。当排满一铁范后，将铁板放于火上烤热，待松脂熔化后用一板将活字压平，以保证字面平整，也可使活字牢固地附着于铁板上，便于印刷。为了使排版和印刷连续不断地进行，可以设置两块铁板，当一板印刷时，用另一块板排版，上一板印完时，这一板已经排好，使两道工序能不间断地进行，从而大大提高了工作效率。

为了满足实际排版的需要，毕昇所制活字每字要做几个，对使用频率较高的"之""也"等字，每字则要做20多个。活字存放的方法，是将活字按韵的顺序贴在纸上，存于木格内，以备使用。这种按韵的顺序存放活字的方法，也是毕昇的一大创举，这种方法后来一直沿用到清代。

关于毕昇的生平事迹，以及他的发明经过，除了沈括在《梦溪笔谈》一书中的记载外，至今还找不到第二种文献资料。沈括只说他是个布衣，其他都没有交代。所谓布衣，从字面理解就是没有做过官的普通老百姓。关于毕昇的职业，以前曾有人做过各种推测，但比较可靠的说法，毕昇应当是一个从事雕版印刷的工匠。因为只有熟悉或精通雕版技术的人，才有可能成为活字版的发明者。由于毕昇在长期的雕版工作中，发现了雕版的最大缺点就是每印一本书都要重新雕一次版，这不但要用较长的时间，而且加大了印刷的成本。要想保存印过的雕版，往往要用几间房子。如果改用活字版，只需雕制一副活字，即可排印任何书籍，活字可以反复使用。虽然制作活字的工程要大一些，但以后排印书籍则十分便捷。正是在这种思想的启示下，毕昇才发明了活字版。

据沈括《梦溪笔谈》的记载，毕昇发明的泥活字版，不但形成了完整的工艺，而且也进行过印刷的试验。他的发明不但影响了后来的各种活字版的应用，而且也有人直接用毕昇的方法，用泥活字印书。

宋代的活字印书虽未盛行，但它确实已经出现了。据史料记载，南宋绍熙四年（公元1193年）周必大自印的《玉堂杂记》，便用了活字法。他在一封信札中写道："近用沈存中（沈括，字存中）法，以胶泥铜板，移换摹印，今日偶成《玉堂杂记》二十八事……"

元初，元世祖忽必烈的谋士河南人姚枢与杨古用泥活字版印刷了朱子的《小学》《近思录》、吕祖谦的《东莱经史论说》等书。这大约是毕昇死后200年，泥活字的一次大规模的印刷活动。后来，由于木活字和金属活字的兴起，从姚枢、杨古以后以至明代，未见有泥活字印刷的记载。

活字印刷术的发明，是印刷发展史上的一次伟大的技术革命。现代的印刷专家，后来又发现了好几种用泥活字印成的古书，如今全部保存在国家图书馆内。这些发现更加证明了《梦溪笔谈》里关于泥活字印刷的记载是完全真实的。

活字版的发明，是印刷史上又一伟大的里程碑。它既继承了雕版印刷的某些传统，又开创了新的印刷技术。这种技术传播到西方后，立即受到使用拼音文字国家的印刷工作者的欢迎。因此，活字印刷在经过不断改进后，逐渐成为世界范围内占统治地位的印刷方式。

尽管有关毕昇的生平籍贯不详，但这决不影响他作为伟大的发明家而被载入史册。他所点燃的人类文明之火，照耀着近1000年的人类文明史，直到今天仍然放射着光芒。

雕版印刷的工艺

在之前的文章里，我们已经简单介绍了雕版印刷的工艺流程，

但对于印刷过程中的细节、所用的材料、使用工具等等，都没有做具体介绍。在这一小节里，我们将把这些"秘密"一一呈现给大家。

我们先来了解一下雕版印刷的大致过程。在印刷之前，人们会先把书稿的写样写好，把有字的一面贴在木板上，再用刻刀把这些反字刻成凸出的阳文，并把木板上其余空白部分剔除，使木

板上刻出的字凸出版面1—2毫米，然后用热水冲洗雕刻好的木板，洗去木屑，刻板的步骤就完成了。印刷时，工人们会先用圆柱形平底刷蘸取墨汁，均匀地刷在板面上，再把纸张覆盖在上面，用软刷轻刷纸张，纸上便会印出文字或图画，最后把纸从木板上揭起，阴干，印制过程就完成了。一个印工一天可以印刷1500—2000张纸，一块印好的木板可以使用上万次。

印刷史学家在翻找古代文献时发现，关于雕版的名称，各种文献上的称谓都不尽相同。常见的称谓有镂版、刻版、刊版、墨版、椠版、梓版等。其中，"椠"是沿用了古代木牍的名称，"梓"则是因梓木为雕版的重要材料而得名。雕版印刷有时也称为"付梓""梓行"或"刊行"等。

雕版印刷所用的材料，一般都是纹理细密、质地均匀、加工容易且资源较多的木材。从古代的文献记载中，我们可以看到，制造雕版的木材，通常有梨木、枣木、梓木、楠木、黄杨木、银杏木、皂荚木以及其他的果树木等。

由于南北方的气候差异，因此生长的植物种类也就不尽相同。根据就地取材的原则，北方多选用梨木、枣木，而南方则多用黄杨木和梓木来制作雕版。枣木和黄杨木这种较硬的木材，一般用来雕刻精细的书籍和图样。而梨木和梓木，由于硬度较低，因此成了最常见的雕版材料。

但是，用木材制成的雕版，时间一长就有发生变形的风险。因此，这些用来制作雕版的木材都要经过长期的存放，完全干透后才能制成雕版。后来，人们为避免雕版变形，又发明了水浸和蒸煮的方法。所谓水浸，就是把已经切割好的木板放在水里，浸泡1个月左右，然后晾干备用。浸泡的目的是使木材内部的树脂溶解，这样一来，木板干燥后就不易翘裂。而蒸煮，其实就是加快树脂溶解的方法，人们只要把木板放到水中蒸煮3到4个小时，然后再把木板晾干，就可以达到与水浸基本相同的效果。等到木板完全干燥后，人们把其两面刨光，再把植物油均匀地涂抹在板面上，最后用芨芨草细细打磨，一块光滑平整，且不易变形的雕版就处理好了。

在雕版印刷发明之前，石刻文字已经有相当长的发展历史。因此，到了唐朝，各种雕刻工具的制造水平已经很高。这无疑为雕版印刷创造了良好的条件。

雕刻印版的时候，主要使用的工具有刻刀、铲刀和凿子。由于需要雕刻的文字大小不一、形态各异，因此这些雕刻工具也有着各种规格。刻刀主要用于雕刻不同大小的文字和文字的不同部位，而铲刀和凿子主要用于文字空白部分的雕刻。除此之外，雕刻木板时，通常还需要锯、刨子等木工工具和尺子、规矩、拉线、木槌等附属工具。

雕刻印版所需要的工具介绍完了，下面我们就来说一说雕版的主要步骤。雕版的工艺过程主要分为写版、上样、刻板三个步骤。

"写版"又称为"写样"，通常都是请一个精通书画的人，把需要雕刻的文字或图像，按照一定格式，写（画）在一张较薄的白纸上。"写样"完成后，为了避免出错，还会有专人对这些文字或图画进行校对。如果发现错误，则要进行修补，直到确认写样上没有错误之后，才能上样。早期雕版印刷的规格，多沿用写本的款式，规格比较自由。宋代以后，随着册页装订的使用，版式才逐渐定型。

"上样"也叫做"上版"，就是通过一定方法，把"写样"转印到木板上。"上样"的方法有两种。一种是先在木板的表面涂抹一层薄薄的糨糊，将写有文字的版样反贴在木板上，然后用软刷轻刷纸背，好让写有字迹的纸张粘在版面上，等纸张干燥以后，再用刷子拭去纸屑，木板的表面就会显示出清晰的反文了。另一种方法是把木板表面用水浸湿，然后把用浓墨写就的版样贴在木板上，用力压平，使文字的墨迹转移到版面上，再轻轻把纸揭下，这样一来，版面上也会留下清晰的反文。字迹被转移到版面上以后，刻工就可以开始刻板了。一般情况下，第一种"上样"的方法清晰度更高。因此，如果书籍需要雕刻精细的版面，一般都是用此种方法。

　　"刻板"是雕版印刷中的关键工序，它决定着印版的质量。雕刻时，刻工要把版面上墨迹之外的空白部分全部刻除掉，只保留文字、图像或其他需要印刷的部分，使文字凸出版面，从而形成刻有反字的印版。这个步骤完成之后，雕版的工艺过程也就结束了。

　　印版雕刻完成后，就进入了印刷的环节。由于在这个过程中，工人们要两次用到刷子，才能把印版上的文字和图像印到纸上。因此，古人也常把"印刷"称为"刷印"。

　　在印刷的各个工序中，人们要用到的主要工具有：印刷台案、印刷版固定夹、纸张固定夹子，以及各种规格的刷子。

　　印刷的具体步骤是这样的：先用一种胶把印版固定在台案上，

然后把一定规格和数量的纸张固定在另一台案上。如此一来，印版和纸相对的位置就被固定了，可以保证每张复制品印迹都是统一的。之后，用软刷蘸取印墨，均匀地涂抹在木板表面，再从固定好的纸张中按顺序揭起一张，平铺在印版上，然后用干净的宽刷（耙子）轻刷纸背，最后揭起印版上的纸张，使其自然下垂，一张纸就印完了。在印刷过程中，纸张、印墨和印刷工人的技术水平决定着印刷成品的质量。

了解了雕版印刷的制造工艺之后，我们不难得出这样的结论：从技术上说，雕版印刷需要精湛的文字、图画雕刻技术、印刷技术、成品的装帧技术；从材料上说，雕版印刷需要高质量的纸张和印墨；从艺术上说，雕版印刷需要书法艺术、绘画艺术和装帧艺术。一件好的印刷产品不仅有供人阅读、传播知识的作用，也具有艺术欣赏价值。因此，可以说，印刷术是相关技术和艺术发展到一定水平的产物。

雕版印刷是人类历史上最早的批量、快速复制文字和图像的技术。后来出现的其他印刷方式，都是在雕版印刷的基础上发展起来的。虽然今天的印刷技术已经发展到很高的水平，但是，通过印版把需要复制的文字和图像，转移到承印物上的基本原理，却始终没有发生改变。

辉煌的雕版印刷

到了宋代，雕版印刷已经发展到鼎盛时期，印本更是五花八门。由于当时许多好的雕版材料都是用梨木或枣木制成，人们还创造了"灾及梨枣"这个词，用来讽刺没有阅读价值的书籍。意思是说，印刷这些书籍，糟蹋了被制成雕版的梨树和枣树。由此可见当时雕版印刷业的繁荣景象。

从唐朝初年到宋朝的 300 多年里，印刷品种由单页、简单的印刷品，发展到印刷大部头的书籍。印刷质量也由早期的粗拙，逐渐走向精细。社会上也对印刷业越来越重视，印刷术刚刚发明的时候，只有宗教和民间使用，到了宋朝，许多政府机关都开始用雕版印刷术复制书籍。

说到这里，我们不得不重点提一提宋朝的官刻。宋朝的印刷业之所以如此兴盛，除了得益于雕版、印刷、造纸、制墨等技术的成熟，也离不开政府的积极提倡。宋朝的政府印刷机构十分庞大，印书数量更是大大超过前朝。宋代的政府印刷分为中央政府的印刷、地方政府的印刷、官办学校的印刷等。

宋朝建国之初，封建统治者们就对历代典籍的收集和整理十分重视。建隆元年（公元 960 年），朝廷设立了集贤院、史馆、昭文馆等机构，专门从事这方面的工作。不久之后，这些典籍便陆续印刷出版。

大家都知道，国子监是古代教育体系中的最高学府，但有人可能不知道，国子监还承担了国家管理机关的职能。宋朝的中央出版印刷机构就是国子监。

宋朝初期，国子监主要刻印历代的经、史、子、集，为各类学校提供读本。宋哲宗以后，国子监刻书的范围有所扩大，除四部书外，也开始印刷医学类书籍。从绍圣元年（公元 1094 年）开始，国子监先后刻印了《脉经》《千金翼方》《金匮要略方》《补注本草》《图经本草》等医书。

宋朝的官刻，对校勘十分重视。国子监刻印书籍，更是要经过三次校对，才可以出版。因此，监本（国子监的印本）的质量是相当好的。

公元 1127 年，金兵攻陷北宋都城汴京（今开封），掠走宋徽宗、宋钦宗二帝，史称"靖康之变"，北宋就此灭亡，南宋拉开了帷幕。

金兵占领汴京时，国子监的很多书籍都没有来得及运走，因此，南宋的国子监又重新刻印了一批经、史、子、集。除了重印北宋时期的所有监本以外，南宋的国子监还刻印了一批当朝编纂的史书，以及医学类和科学类书籍。因此，南宋的监本，在印刷的规模和品种上，都远远超过了北宋。

　　南宋的都城临安（今杭州）本就是鱼米之乡，物产富饶，经济发达。而且，江南一带的造纸业和印刷业都发展得很快，这为南宋国子监的印刷提供了良好的条件，也促进了印刷业的提高。因此，南宋的监本不仅数量多，而且质量也更好。

　　除了国子监以外，宋朝的崇文院、秘书省、司天监、德寿店等中央机构也承担了一些书籍印刷的任务。这些部门所印的书籍大多与自己的业务有关。

　　例如秘书监的职务是掌管古今经籍、图书、国史、实录、天文、历书等，特别是历书，每年都要印刷发布。因此，在秘书省内设有

印历所，专门从事历书的雕印。除历书外，秘书监也编印天文、数学方面的书籍，如《张邱建算经》、唐王孝通《辑古算经》等。崇文院刻印的书籍也不少，例如《吴志》30卷、《隋书》85卷、《齐民要术》10卷等等。德寿殿所刻印的书，主要是供皇帝自己使用，并有专门的刻字工匠，例如《隶韵》10卷等书。左廊司局所刻印的书是专为宫廷印刷的，不但精工雕版，所用板材及纸张都是上等的，如刻印有《春秋经传集解》30卷等书。

在宋朝中央政府的积极倡导下，各级地方政府也开始印刻书籍，到了南宋，地方政府印书更是成了一种风气。从相关的史料来看，当时绝大多数的地方政府都曾印刷书籍，虽然一个地方政府所印的书籍并不多，可如果把各级政府的印版书都加起来，其数量就远远超过了中央政府。

宋代地方政府的建制主要是州和县两级。州、县政府所刻的书，在古籍版本学上称为"郡斋本"。这些地方政府刻印书籍一般比较分散，因此，刻印书籍的种类、数量、质量存有较大的差别，其中也有质量较好的版本，如桐川郡斋刻本《史记集解索隐》和池阳郡斋刻本《文选》等，都达到了刻、印精良的要求。

宋代的各级地方政府都办有学校，等级最高的是分布在各地的书院，全国约有几十所。其中，绍兴的稽山书院、婺州的丽泽书院、江西的白鹿书院、湖南的岳麓书院、邓州的鹤山书院、福建的龙溪书院、桂林的象山书院等都很有名。比书院差一些的是州、县所办学校。据记载，其中很多的书院和学校都从事过刻印书籍的工作。在古籍版本中，各类学校所印书籍的版本称为州军学本、学宫本、书院本等。学校印书的范围主要是选择供学生阅读的书籍，主要是经、史、子、集，以及各家对上述书籍的注释及校勘本。此外，这些书院也会选印一些历代及当代名家的诗文集。

宋朝距今已有七八百年，世事变迁，沧海桑田，宋版书能保存至今，实属不易。物以稀为贵，在当今收藏界，北宋的刻本价值连城，南宋的刻本也属于稀世珍宝。从学术价值来看，宋版书直接脱胎于写本，内容精确，接近古书的原貌，再加上宋朝人刻印书籍十分认真，错漏之处很少，因此学术价值很高。从艺术角度来看，宋版书的字体、插图都十分精美，既体现了当时发达的工艺技术，又极富有艺术性，深得人们的喜爱。

宋朝有一位著名的私刻家，叫做廖莹中，他所刻印的《昌黎先生集》和《河东先生集》是宋朝雕版书籍的代表之作。其雕刻之精美，校验之细致，是后来的印版书所不能比拟的。

宋代刻本的风格，还对后世的书籍制度产生了极深的影响。以字体举例，后世各种印刷字体皆是由宋版书的字体发展而来。元朝人起初承袭了南宋书中字体圆活的风格，后来改用赵孟頫（元代画家）体。到了明嘉靖年间，由于复古运动的兴起，人们又开始使用北宋棱角凌厉的字体来印书。明万历年间，印版书上的字体已经发展为方字，字形肤廓、笔画板滞，逐渐成为机械式图案。到了明末清初，雕版字体已是横轻直重、四角整齐的方块字，被人们称为"宋体字"。

没错，我们现在的书籍以及电子文件依然在沿用这种"宋体字"。实际上，它与原来宋版书的字体并不相同。19世纪，活字印刷术兴起，人们开始用"宋体字"铸造铅字，这种字体就被固定下来，成为标准的印刷体。

元朝建立之后，各种问题一直不断，但雕版印刷在这一时期依然有所发展。清朝史学家钱大昕在《补元史艺文志》中统计，元朝刻印、流通的图书，经部有804种，史部有477种，子部有763种，集部有1098种，共计3142种，数量十分可观。

而且，元朝的书院刻印书籍也非常认真，不亚于宋版书。例如杭州西湖书院在泰定元年刻印的《文献通考》，就是一部刻印精良、字体优美的印版书，堪称元代刻本的代表。

明朝是图书事业大发展的时期，刻书蔚然成风，且数量惊人。明朝的官刻很有特点。首先是刻书单位多，从中央到地方的各级官府几乎都刻书。二是刻本的数量多、内容广，甚至连国家最高监察机关——都察院，也刻印《水浒传》《三国演义》这样的通俗小说。

不过，现代的收藏家并不太认可明朝的官刻。这是因为许多明朝印本校勘不精、错误较多，甚至还有篡改书名、随意删节内容、伪造古人评注等情况出现。不过，明代的一些私人刻书家却刻印了不少精品。

吴县的"嘉趣堂""世德堂"和苏州的"东雅堂"都是明朝著名的私人印书处。这三家刻印的《大戴礼记》《六子全书》以及《韩昌黎集》等书都称得上是精品。明朝后期，民间的私刻家更是如雨后春笋般涌现出来，其中又以常熟的毛晋最为著名，他既是藏书家，又是刻书家。毛晋以一己之力，在 40 余年里，刻书 600 多种，刻出的雕板多达 10 万块。

明朝时，印刷行业里还出现了套版、短版和拱花等技术，它们的发明使得雕版印刷术有了质的飞跃。

雕版印刷刚刚发明时，只有单色印刷。到了五代，有人开始在插图的墨印轮廓线内，用笔添上不同的颜色，以增加视觉效果。闻名遐迩的民间木板年画——天津杨柳青版画，至今仍然采用这种方法生产。

这种版画的制作步骤是：先用木板雕出画面线纹，然后将几种不同的颜色，画在一块雕版的不同部位上，最后印在纸张上，一幅彩色的图画就这样被印刷出来了。这种印刷彩图的方法被人们称为"单版复色印刷法"。宋代时发行的纸币"交子"，便是用这种方法印刷出来的。

但是，采用"单版复色印刷法"刻印彩图时，颜料经常会混杂渗透。而且，用这种方法制作出来的图片，色块之间界限分明，很不自然。于是，人们在不断的探索过程中，又创造了分版着色、分次印刷的方法。这种方法被称为"多版复色印刷"或者"套版印刷"，其主要步骤就是在大小相同的几块印版上，分别画上不同的颜料，然后分次印在同一张纸上。

"套版印刷"的发明时间待定，但有一点可以确定：这一技术是在明后期兴盛起来的。明朝时，多版复色印刷获得了很大的发展，朝廷还专门设立了经厂，用"套版印刷"的方法刻印正统的佛教经典总集。现存明代最早的套印书，是明神宗万历年间安徽歙县印刷的《闺范》。

对彩色印刷作出贡献的是胡正言。他是明代末年书画家、出版家，字曰从，号十竹，是明末期间一个大胆革新的艺术创作家，擅长篆刻、绘画、制墨等许多工艺。他与刻印工匠共同配合，于明万历四十七年（公元1619年）起，刻印了《十竹斋画谱》和《十竹斋笺谱》。当时这种工艺为饾版印刷。

所谓"饾版"印刷，是把同一版面分成若干大小不同的版，每块版代表版面的一部分，分别刷上不同的颜色，逐个地印到同一张纸上，拼接成为一个整体。

饾版是非常细致复杂的工作。画面上有几种色彩，就要刻几块版。一幅颜色层次看来不很复杂的图画，常常要刻三四十块版。用这种方法印出来的图画，颜色深浅浓淡跟原画完全一样，就是按照彩色绘画原稿的用色情况，经过勾描和分版，将每一种颜色都分别雕一块版，然后再依照"由浅到深，由淡到浓"的原则，逐色套印，最后完成一件近似于原作的彩色印刷品。由于这种分色印版类似于"钉饾"，所以明代称这种印刷方式为"饾版"印刷，也称为彩色雕版印刷。这种印刷方式最能保持中国画的艺术特色。清代中期以后，才称其为木版水印。

与此同时，胡正言还采用一种拱花方法，即在印刷品上压印出凸起的底纹。当时还有南京的吴发祥，也用木版拱花法，印成了《萝轩变古笺谱》，印品也十分精美。

木版水印最好的代表作品是《十竹斋画谱》和《十竹斋笺谱》。前一部画集刊行于明熹宗天启七年（公元1627年）；后一部画集刊行于明思宗崇祯十七年（公元1644年）。这两部画集的绘、刻、印都很精致，画面色彩妍丽，深浅浓淡，阴阳向背，完全保持了我国民族绘画的风格。不论草木虫鱼，人物花鸟，都栩栩如生，神韵生动。这两本画集，是我国版画史上的宝贵遗产。

清朝的雕版印刷术虽然在技术上并没有大的改进或突破，但是这一时期的书籍质量和数量并不逊于明朝。许多清朝刻本的质量都相当高。

清代前期的官刻书籍，雕刻精致，用纸细薄洁白，校勘精审准确，装订端庄雅致，都创造了历史最高水准。从康熙到乾隆年间，印刷业又兴起了"写刻"的风气，即手写上版，选用纸墨都比较考究，是刻本中的精品。这时的许多著作，都是由当时的著名书法家精心写就，然后被刻版工人拿去雕刻的。如福州的书法名家林佶，就曾手写清初散文家汪琬的《尧峰文钞》、清代名臣陈廷敬的《午亭文编》、清初诗人王士禛的《古夫于亭稿》和《渔洋精华录》，被文坛和藏书家誉为"林氏四写"。

古籍是中国文化领域里一笔宝贵的财富。有人曾估计中国的古籍数目不少于8万册，也有估计为15万册左右的，如果算上复本，数字则更为庞大。这些古籍百分之九十以上都是雕版印刷产品。

从宋至清，中国的刻书业形成了官、私、坊三大系统，从中央到地方、从政府到个人，官刻、私雕同时并举，刻书地区遍及全国。刻书内容涉及各个门类，各个朝代又有自己的特点。中国古人用自己的双手创造了雕版印刷的辉煌。

活字印刷的技术创新

据沈括在《梦溪笔谈》中记载，毕昇曾经尝试用木活字印书，但没有成功。后来，元朝著名农学家和机械学家王祯首创了木活字，他还发明了比较简捷的适于汉字复杂特点的转盘排字方法。

王祯，山东东平人。元贞元年（公元 1295 年），他担任安徽旌德县尹，在任六年，为人简朴，曾捐献自己的薪俸，修桥铺路，施药救人，并且教给百姓植树技艺。大德四年（公元 1300 年），王祯调任江西永丰县尹，继续购买桑苗及木棉籽，教人树艺。

王祯在旌德做官时，就开始撰写《农书》。书成之后，因字数太多，难以刊印。公元 1298 年，他请匠人刻制了 3 万多个木活字，并用这批木活字在公元 1299 年试印了自己纂修的有 6

万字的《旌德县志》100部，用时不到一个月。

后来，王祯把自己试制木活字印书的成功经验，写成一篇《造活字印书法》，附在他所写的《农书》之后。文章从雕刻印刷的发明说起，根据通行的说法，以雕版起于冯道校印九经的时代，接着说到毕昇的发明，以及最先用胶泥，后来以铸锡作活字的发展，最后详细记载了他的木制活字以及他亲自改进完成的新排字法，包括写韵刻字、锯字修字、造转轮取字、排字印刷的全过程的具体做法，并系统地加以说明。

《农书》中记载：今又有巧便之法，造板木作印盔，削竹片为行，雕版木为字，用小细锯锼开，各作一字，用小刀四面修之，比试大小，高低一同。然后排字作行，削成竹片夹之。盔字即满，用木楇楇之，使坚牢，字皆不动。然后用墨刷印之。

王帧还创造了转轮排字架，他把木活字按韵和型号排列在两个木制的大转盘里，让排字工人可以坐着拣字。这样一来，工人们只需转动轮盘，就可以拣到所需要的字。

王祯创造的木活字，改进了活字印刷术，使得印刷效率有了显著的提高。木活字发明20年之后，浙江奉化有一个名叫马称德的人，制造了10多万个木活字。元至二年（公元1322年），他排印了《大学衍义》等书，为活字印刷的发展做出了巨大的贡献。

到了明朝，使用木活字的地区已普及到苏州、杭州、南京、福州、四川、云南等地。明朝用木活字印刷的图书至今有书名可考者，约100余种。明崇祯十一年（公元1638年）出现了用木活字排印的《邸报》，这被认为是中国报纸印刷业的开端。

清朝时，木活字印书已在全国通行。乾隆皇帝在修《四库全书》时，下令刊印从明《永乐大典》中辑出的大批失传古书。因数量大，雕版耗费人力、财力和时间，主办人金简建议用木活字排印，得到乾隆的批准。但是乾隆帝认为"活字"这称呼不雅，给起了新名字叫"聚珍"。

金简在印刷的操作技术上也做了改进，他不像王祯那样把字刻在整板上再锯开，而是先做好一个独立的木块，然后再刻字。除此之外，聚珍版也不是用薄片作行线，而是用梨木板刻好十八行格子，叫做套版，印刷时先用套版印格子，再把文字印到格子里。排字也不用轮转排字盘，而是用若干存放大小木活字抽屉组成的字柜。每个抽屉上面还标有什么部首、什么字和笔画数。拣字由专人负责，排字工人只要喊出要什么字，拣字的人就可以立即拣出来。用这种方法排版，大致每人一天可以排两个版。由金简主持，刻成大小枣木活字 25 万个，耗时一年，先后共印成 134 种书籍，排印了 2300 卷《武英殿聚珍版丛书》。

金简在图文并茂的《武英殿聚珍版程式》一书中记述了造木活字的程序。清朝的木活字印本流传到现在的还有两种左右。名著《红楼梦》的第一次印本，被称为程甲本的就是木活字本。

金属活字起源于宋代铜板纸币，纸币票面印有料号、字号；这些防伪的部分，每张钞票不同，在钞票铜版上留出四方空位，填植活字形成完整的钞票铜版：每个字取自《千字文》，两个铜活字可得 499 500 种编号。中国的铜活字印刷以明代华燧（公元 1439—1513 年）会通馆所制者为最早。会通馆铜板印书可考者约 18 种，其中弘治十三年（公元 1500 年）以前印的《宋诸臣奏议》《百川学海》等 8 种，相当于欧洲的摇篮本，很珍贵。据陆深《金台纪闻》说，当时常州人用铜、铅活字印书，可知中国自制的铅活字在明弘治末正德初（公元 1505—1508 年）也已出现。

清雍正四年（公元 1725 年），宫廷用铜活字排印了《钦定古今图书集成》。全书有 1 万卷之多，用大小两种字体排印，印本清晰美观，只印了 64 部。这是中国用活字排印的字数最多的一部大型书籍。

清朝福建人林春祺，从 18 岁开始请人刻制铜活字，用了 21 年的时间，耗去白银 20 多万两，到道光二十六年（公元 1846 年）完成正楷体大小铜活字 40 多万个。他是福建福清县人，因而把这批

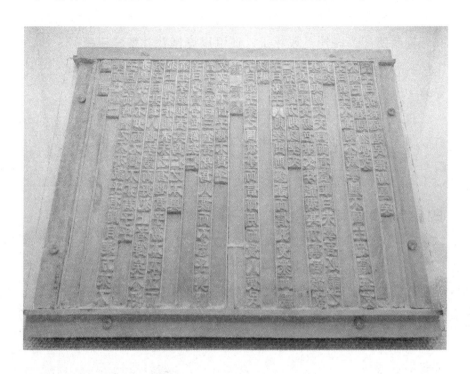

铅活字命名为"福田书海"，并印制出好几种书籍。

　　在中国古代还出现了锡活字、铅活字。清道光二十年（公元 1850 年），广东佛山的唐姓书商，出资 1 万元铸造锡活字 20 多万个。咸丰元年（公元 1851 年），有人曾用这批活字印成马端临编撰的《文献通考》48 卷。这说明，早在现代铅合金活字传入中国之前，已经有人用铅活字印刷书籍了。

　　与雕版印刷相比，活字印刷具有速度快、用料省、效率高等优点。然而，从宋朝庆历年间到清朝鸦片战争的 800 年间，这项技术并没有得到广泛的普及推广，活字版不但没有取代雕版，就连与之同样

的发展都没得到，活字印本的数量远远少于雕版印本。这种局面的出现有不少原因：

首先是活字印刷技术始终不被重视，官私工匠一旦掌握了雕版技术就容易墨守成规，不愿改动。其次，不少书籍一旦雕成书版，便可长期使用，即使是毁坏了，还可以修修补补继续使用。于是，在学术著作数量少、内容更新慢的情况下，活字印刷速度快、用料省的优越性也就体现不出来。

直到 19 世纪中期，现代机械化活字印刷术传入中国后，才逐渐取代了雕刻版和古老的活字版印刷术。不过，现代机械化活字印刷术，依然是在中国印刷术的基础上发展起来的。

印刷术的传播

中国的印刷术发明后不久，就传到了国外。据史料记载，它最先传到紧邻中国的东南亚地区，如朝鲜、日本、越南、菲律宾等国家。后来，印刷术又经过广阔的中亚平原传向非洲和欧洲。在这个过程中，有的国家对印刷术进行了创新和改进，对印刷术的发展做出了重要的贡献。

印刷术之所以先传到东南亚国家，地理位置是首要原因，朝鲜、日本、越南都与中国紧邻，传播距离较短。另一个重要原因，是这些国家有许多遣唐使、僧侣留学中国。从文化角度上说，这些国家当时都通行汉文，尊崇儒家思想，且信佛，因此儒、释经典成为各国最基础的文化需要。除此之外，以上诸国在医药、典章制度、文化习俗和文学艺术等方面也都受汉文化的影响。

印刷术最早传播到朝鲜半岛。二十世纪六十年代，在庆州佛国寺释迦塔内，发现了中国汉字译本《无垢净光大陀罗尼经咒》。人们认为这是中国唐武后长安四年（公元 704 年）至玄宗天宝十年间

（公元751年）的长安刻印本。这就说明印刷术在中国起源不久就有印刷品传往那里了。高丽显宗王时，因契丹大举入侵，显宗与群臣为借助佛力退敌，发誓刻印《大藏经》。公元1082年，共6000卷的《大藏经》刻成。这部历经71年才刻印完成的《大藏经》，也被称为"高丽国之大宝"。

公元1234年，晋阳公崔怡用铸字印成《详定礼文》28本，分送各衙门收藏。高宗时设立大藏督监，重刻《大藏经》，历15年完成，共6791卷，这就是著名的《高丽藏》。公元1239年，高丽王朝招募工人重刻《南明证道歌》。公元1376年高丽人用木活字印《通鉴纲目》。

公元1403年，朝鲜设置了铸字所，负责出版书籍和铸造活字，当年就铸造了数十万个铜活字。公元1420年至公元1421年间，朝鲜人又对这批较粗糙的活字进行了改铸。公元1434年，李藏主持第二次改铸，使这批铜活字的质量明显提高。李藏还对排版技术进行革新，结果提高了印刷效率，由过去每天只印几十张增加到几百张，印刷技术得到较大的革新。

十五世纪，朝鲜铸字已经相当频繁，据统计前后共铸字十二次，不仅有铜活字，还有锡活字、铁活字，按干支纪年分有癸未字、甲寅字。朝鲜的印刷业与中国的情况相似，既采用活字印刷，也采用过雕版印刷；既有中央政府组织的印刷，也有地方衙门、寺院及私人经营的出版印刷业。

印本书在日本的出现，略晚于朝鲜。日本在大化革新后，掀起了学习大唐的热潮。日本派出的遣唐使有 18 次之多，最大的使团多达五六百人，还派来了许多留学生和僧人。这些留学生回日本时带去相当多的典籍。如入唐八家之一的宗睿就带去中国四川印本《唐韵》一部 5 卷、《玉篇》一部 30 卷。在唐留学 19 年的僧侣玄昉在公元 734 年返回日本时，就曾经带回佛经 5000 多卷及佛像多座。同年回国的留学生吉备真备，也在中国留居达 18 年之久。天宝九年（公元 750 年）他又以遣唐副使身份再次返华，后来成为称德天

皇的师傅。遣唐使在带去印本的同时，也带去了印刷技术。奈良朝文化生活的各个方面都深受唐朝影响。因此，他们把印刷术带回日本而加以利用是十分可能的。

日本的印刷业可以追溯到奈良时代。现存的宝龟元年（公元770年）的《无垢净光陀罗尼》四种，是日本最古的印刷物，它们都印刷在高2日寸、宽1日尺2寸左右的黄麻纸上。尽管这种印品比中国咸通印本《金刚经》早10多年，但其刻工古拙，印工粗糙，是初有印刷术时的产品，这与刻印技术已达一定水平的咸通本《金刚经》相比较，其技术差异不是10多年的问题。也有学者认为这四种《陀罗尼经》不是日本自己的印品，而是由中国唐朝输入的。无论如何，印刷术从中国传入日本这一点毋庸置疑。

公元987年，北宋印本《大藏经》和其他佛典也传到日本，这又刺激了日本刻书的发展。有史料记载的最早刻本是宪治二年（公元1088年）所刻印的《成唯识论》。随后，儒书、佛经和日本人所著其他书籍也陆续在日本刊行了。中国刻工俞良甫元末避乱至日本，寓居京都附近。在公元1370—1395年间，他曾自己出资刻书，除佛经外，还刊印了一些文学作品。至今，"俞良甫版"仍被日本学界所珍视。江南刻工陈孟荣、福州刻工陈孟干和陈伯寿也先后在日本刻过书，对日本印刷业贡献很大。

日本的活字印刷术开始于16世纪末，在丰臣秀吉侵略朝鲜时，曾从朝鲜带回了活字印刷术。与此同时，意大利的天主教传教士也带去了西洋铅字印刷术。但是西洋印刷术在日本并没有被普遍接受，而由朝鲜传去的活字印刷即中国的活字印刷术，却颇受欢迎。文禄二年（公元1593年），日本人仿造朝鲜活字制成本活字，用来印成《古文孝经》一卷。这是日本用活字印书的开始。

中国宋元时期，日本的雕版印刷业有了较大进步。镰仓时代（公元1186—1333年），赴日本的宋朝僧人开始在当地经营雕版印刷业，刻印了《断际禅师传心法要》《佛源禅师语录》等。但从这些印品中可以看出，当时的镰仓缺乏优秀雕版工人，印刷物显得较粗糙、拙劣且不够清晰，与宋朝的雕版技术相比有较明显的差距。

因此，有些日本入宋僧趁赴宋之便，把禅籍带到大宋雕刻，回国时再把雕版带回日本印刷，如建长寺开山兰溪道隆的《大觉禅师语录》就是由其弟子禅忍、智侃送到大宋刻版的。

早期的日本刻本都是汉文，至元亨元年（元朝英宗至治元年，公元1321年）出现了附有平假名的《黑谷上人语灯录》刻本，过了二十多年，有片假名的《梦中问答集》刻成。元代许多优秀的雕版工人陆续东渡日本，促进了日本出版事业的发展，使日本南北朝时期（公元1332—1392年）的唐式版出现了黄金时期。据学者研究，当时在日本的元朝雕工至少有30多人，他们合刻了10卷25册的巨著《宗镜录》以及《无量寿禅师日用清规》《唐柳先生文集》等。他们中以福建莆田人俞良甫、江南人陈孟荣、福建福州人陈孟干和陈伯寿最为著名。

活字印刷方面值得日本人自豪的是公元1637—1648年间，天海僧正用木活字印刷了《大藏经》6323卷，世称"天海版"。公元1885年江都喜多村学训堂印《太平御览》1000卷，弘教书院印《释藏》8534卷，这些都是日本活字印刷史上的成就。

越南同朝鲜、日本一样，很喜爱中国书籍。早在前黎朝黎龙铤时就向宋真宗求过"九经"和"大藏经"。这之后，又不断从中国要去佛藏、道藏，还有儒家经典。陈朝英宗兴隆三年（公元1295年），刊行了佛经。越南正式出版儒书，是黎朝太宗绍平二年（公元1435年）印的《四书大全》。15世纪中后期，是黎朝的黄金时代，开始印了"五经"。此后，印书业大为发达。黎朝永盛八年（公元1713年）用木活字刊印了《新编传奇漫录》是现知越南最早的木活字印本书。阮朝嗣德三十年（公元1877年）用木活字印刷了《嗣德御制文集》

《诗集》等。

中国印刷术对西方的印刷业也产生了深远的影响。元朝时，中国和欧洲的交往有了很大的发展。一是蒙古的远征，将中国的文化带到西方；二是西方的传教士也多次来到中国，回国时也带去了中国的印刷技术。

公元 13 世纪，意大利人马可·波罗在中国旅居多年，在他的游记中，叙述了中国印刷纸币的情况。通过他的这些介绍，欧洲人对中国的印刷情况有了一定的了解。

与东亚地区相比，印刷术在西亚地区的传播相对缓慢。原因之一是受宗教禁忌的影响，印刷术受到歧视，长期得不到传播和发展。原因之二是地理位置有差异，与中国相距较远，路途险恶、崎岖，交往比东亚困难。原因之三是传播媒介的差异，西亚地区在唐宋之际来往于中国的主要是商人、传教者，他们与东亚各国在中国的留学生相比，对文化、科技成果方面的关心要淡薄得多，因此不太会注意中国印刷术的发展。尽管如此，不能否定唐宋时期定居在中国最早的印刷中心扬州的大批阿拉伯人，曾对印刷术的早期西传起过一定的作用。20世纪50年代的埃及法雍地区的考古发掘中，出土了30块刻有阿拉伯文的木板，研究成果证明，这是属于10世纪的东西，从刻印方法到板框式样都与中国雕版无异。

战争对中国印刷术的西传有过直接影响。在造纸术的传播一节里，我们曾提到，唐朝天宝十年（公元751年），高仙芝的三万大军在怛罗斯(今哈萨克东南部江布尔城)被大食(阿拉伯)击败。当时，有数名中国的造纸工匠流落西亚地区，他们指导在撒马尔罕城建起了阿拉伯世界第一座规模宏大的造纸厂，不久报达（今伊拉克首都巴格达）、达马司库斯（今叙利亚首都大马士革）也兴起了造纸业。

11世纪到13世纪蒙古兴起前，雕版印刷术经回鹘人中的突厥人为媒介，越过葱岭传入中亚西亚。从公元1172年起，突厥人在开罗建立了阿尤布王朝，确立了库尔德人的统治，大批突厥人从中亚西亚移往美索不达米亚平原和埃及，他们对印刷术的西传产生了一定的影响。13世纪，蒙古势力向西扩张，雕版印刷再度形成西传浪潮。蒙古控制下的伊利汗国首都、西亚商业中心大不里士（今伊朗境内）于回历693年（元世祖至元三十一年，公元1294年）曾模仿元朝印制钞票，式样仿自元宝钞，印有汉字"钞"字和阿拉伯文。印刷术便开始在信奉伊斯兰教的王朝中使用，并得到了官方的认可。波斯第一次大规模使用了中国的雕版印刷术，是在西亚传播过程中的一次重大突破，印刷术从此在西亚地区广为传播，并经阿拉伯人推向欧洲。

欧洲人最初看到的中国印刷品，是元代的纸币和纸牌。他们觉得在纸上印图案文字可以代替金银使用，是一件非常奇怪的事。在13、14世纪，凡来过中国的旅行家，如法国僧人鲁勃洛克、意大利僧人和德理、意国驻波斯总主教约翰柯拉等，对于元朝纸币的纸张质料、形状大小、币值、文字、兑换流通情况，都各有叙述。尤其是马可·波罗所写的《马可·波罗游记》，说得更加具体生动，当时这本游记在欧洲风靡一时，影响很大。通过他们的宣传，欧洲人才知道了雕版印刷术。

据法国东方学者莱麦撒说，"欧洲人最初所玩的纸牌，其形状、因式、大小及数目，皆与中国人所用者相同，或亦为蒙古输入欧洲者也"。公元1441年前，威尼斯制造纸牌业盛极一时。公元1469年，威尼斯采用活字印刷术，公元1481—1500年新设约100个印刷所，出版书籍约达200万册，成为欧洲书业中心。它的纸牌与印书业，显然同马可·波罗以及当时不少威尼斯人去过中国，特别是在杭州生活过有关。《中国印刷术的发明和它的西传》一书作者卡特在书中引了一个故事说："在14世纪末，有位叫做喀斯泰尔提的雕版工人，因为看到马可·波罗带回威尼斯的几块印刷汉文书籍的木板，学会了印刷的艺术。"卡特认为更可能的是在马可·波罗返回威尼斯之后，另一旅居过中国的人带回威尼斯的。

由于蒙古大军横扫亚欧大陆，打开了中世纪欧洲人的闭塞状态。当时欧洲各国与罗马教会的使节以及商人、游客纷纷来到元朝的各大城市，接触到许多对他们来说是新奇的事物。在这次历时相当长、范围广泛和频繁的文化交往中，印刷术会通过各种渠道传入欧洲，也是一件很自然的事。

雕版印刷在欧洲只以简陋水平即告结束，很快即被活字印刷所代替。这是因为拉丁文是字母文字的缘故，也是因为欧洲追随着中国的发展道路，很快地进到对他们更为适用的活字印刷法。欧洲人在活字印刷上用压印机压印，是与中国和远东各国都不同的，后来又陆续改进印刷术，发明了石印、纸型、照相制版、油印等技术，表现出他们的创造才能。

卡特在书末写道："在世界所有伟大的发明中，印刷术的发明最可以表现出四海一家和国际主义的精神。"中国古代人民发明印刷术，为全人类文化的进步做出了贡献。而各国人民又以自己的贡献互相丰富，并使中国文明得到了新的进步。

火药，中国古代四大发明之一，这是一个让中国人又爱又恨的创造。它既给我们带来了巨大的民族自豪感，又给我们带来了近代的屈辱历史。

马克思说"火药把骑士阶层炸得粉碎"，恩格斯说"它使整个作战方案发生了变革"。在科技发达的今天，它仍然在工业、交通、军事、航天等各个领域发挥着重要作用。

火药的广泛使用，是世界兵器史上的一个划时代的进步，推进了整个世界的历史进程。

火药：划时代的进步

第四章

（火药和火器的使用）是一种工业的，也就是经济的进步。

——恩格斯

从道士炼丹说起

无论过年过节，结婚嫁娶，还是竣工开张，中国人都有燃放烟花爆竹的习俗。当焰火腾空而

起时，人们望着绚丽多彩的天空，总会由衷地赞叹它们的美丽。

无论是为了经济利益，意识形态冲突，或是领土争端，人类总是会发动战争。当士兵们拿着枪炮冲锋陷阵时，普通百姓望着硝烟四起的天空，只会觉得恐惧不已。

烟花和枪炮，一个是用来庆贺的工具，一个是用来杀人的利器。它们却有一个共同之处：都借助了火药的性能。

从火药第一次被中国人发明出来，到今天已经有1000年的历史。现代人把首次研制出来的火药称为黑火药。黑火药是硝石、硫磺、木炭三种粉末物质的混合物，它极易燃烧，且燃烧过程十分剧烈。

正是因为火药在剧烈燃烧时会产生火焰，所以人们在描述它的时候才会用"火"字。可古人又为什么要管这种物质叫做"火药"，而不是"火粉"之类的呢？这就要从火药的成分说起了。

火药是由硝石、硫磺和木炭组成的，这三种物质在当时都属于药品。汉朝的《神农本草经》，还把硝石和硫磺分别列入"上品药"

和"中品药"。甚至在火药发明之后，古人仍然把它当作药物来使用。明朝著名的医学家李时珍就在《本草纲目》中说道，火药具有治疮癣、杀虫、辟湿气和瘟疫的功效。而最为重要的是，火药的发明与炼丹家炼制"长生不老药"有着密切的联系。

早在殷商时期，中国的古人就已经可以炼制青铜器了。从此以后，中国的冶炼技术不断发展，到了战国时期，铁和铜的炼制已经有了较高的成就。劳动人民在冶炼金属的过程中，积累了丰富的知识，也创造了很多采矿和冶金的方法。从战国到西汉这段时期内，开始有人把冶金技术运用到炼制矿物药品的方向。他们梦想炼制出长生不老的仙丹，或是更多的金银。

据《史记》记载，早在先秦时期，就有统治者招揽"方士"，让他们炼制可以让人长生不老的"仙丹"。这些方士认为"仙人食金饮珠，然后寿与天地相保"，因而研究以丹砂冶铸黄金之法，若"黄金成，以为饮食器则益寿"，这就是所谓的"金丹术"。

相传，秦始皇在位期间，一直担心自己去世后，秦王朝不能够永久维持下去。他总是想，如果自己能长生不老就好了。有人得知秦始皇的想法后，便对他说：要想长生不老也不难，只要找到一种灵丹妙药，把它吃下去，就能变成神仙，永世长存了。

　　秦始皇听了以后，信以为真，急忙派人到处去访仙求药。但是这些人找回来的"仙药"，都不能使人长生不老。后来又有人对秦始皇说，东海的一个岛上居住着神仙，可以去找他求些"仙丹"来。于是，秦始皇又派遣当时著名的方士徐福去东海访求神仙。传说，徐福领命后，带着数千童男童女乘船东去，到达日本之后，就再也没有回来。

　　秦始皇最终还是没能得到"长生不老药"，他只能带着不甘，永远地闭上了眼睛。

　　秦王朝灭亡之后，刘邦建立了汉室王朝。汉武帝时，汉朝到达了鼎盛时期。汉武帝一生不断扩充疆土，成为中国历史上一位杰出的帝王。他也与秦始皇一样，梦想着长生不老。汉武帝同样尝试了很多办法，但最后都没能见效。

　　当时，汉武帝身边有一个名叫李少君的方士，号称自己能够驱除鬼神、种谷得金，懂得返老还童之术，因此很得汉武帝器重。一次，他对汉武帝说："我曾经到东海游历，并在蓬莱岛上见到了一位名叫安期生的仙人。他每天食金饮珠，因此才能与天地同寿。所以，您也需要拿丹砂炼制黄金，再用这些黄金做成饮食用的器皿，这样就可以变成神仙，长生不老了。"

　　汉武帝听了以后，非常高兴。他立即派人用丹砂炼制黄金，这就是我们前面提到的"金丹术"。也就是从汉武帝开始，炼丹术才真正形成了规模。

　　此后，一批批炼丹家走进深山老林，点起炉火，一心一意地炼起"仙丹"来。在宗教迷信和长生欲望的驱使下，他们坚信，丹砂可以在炉火中变化成黄金，可以炼成"长生不老药"。

东汉末年有一个叫做魏延的方士，认为自己炼成了真正的"长生不老药"。他先是拿狗做试验，结果狗吃完药后便一命呜呼了。可他不肯善罢甘休，又和徒弟纷纷服用了这些"仙丹"，但他们最后都没能逃过死亡的命运。

魏延的炼丹术虽然失败了，但他却留下了世界上现存最早的一部炼丹著作——《周易参同契》。这本书中提到了炼丹用的一些矿物，其中就有硫磺。

魏晋南北朝时，炼丹的风气更为盛行。东晋时期，中国著名的炼丹家葛洪，更是写就了一部名为《抱朴子》的炼丹著作。这本书分内篇20卷，外篇50卷，广征博引，援古证今，让人们相信服食"仙丹"真的可以长生不老。这本《抱朴子》所记录的炼丹原料中，就包括硫磺和硝石。

封建统治者为了长生不老而炼制"仙丹"，可没有一个人真正成功过。有人曾做过这样一个统计：因服用"长生不老药"而去世的古代皇帝多达10个，唐朝更是有5位帝王因吃"仙丹"致死。可见，这种通过服用"仙丹"来续命的方法，根本是无稽之谈。

不过，这些炼丹家的活动和成果并不是毫无用处的。随着炼丹术的不断发展，它与本来的目的渐行渐远。炼丹家们带着不切实际的幻想，大胆地探索着这些矿物元素，仔细观察着各种物质在炉火中的变化。在深山老林中，他们常年采草药、探矿石、炼金银，发现了许多新的矿物和药物。

炼丹家们所说的丹砂，其实就是硫化汞。虽然自然界中也有单独存在的硫元素，但更多的还是硫化物。例如黄铁矿就是硫化铁，黄铜矿就是硫化铜。这些硫化物虽然不能炼出黄金，却炼出了铁和铜。除此之外，炼丹和医药结合起来，也推动了中国中医学的发展。

炼丹家们炼制仙丹和金银，是为了长生不老和发财。这本来是一种不可能实现的梦想，但当时的帝王将相却信以为真。他们召集一批方士，炼制"仙丹"。最后仙丹没有炼成，人们却在一次次的冶炼过程中，发明了火药。

火药的发明

炼丹家想通过炼丹达到长生不老的目的，虽然是荒谬的。但他们在炼丹的实践中，接触了许多药物和矿物，并且在对炼丹过程的长期观察中，掌握了许多化学元素的性质和变化的规律。这些实践经验都进一步促进了火药的发明。

经过历代方士的总结和实践，炼丹成为一门系统的方术。据相关的炼丹著作记载，用来做炼丹原料的矿石药物，多达六七十种，炼丹的工具也有十多种，烧炼的方法包括煅（长时间加热）、熔（熔化）、抽（蒸馏）、飞（升华）、炙（局部烘烤）、炼（干燥物加热）、伏（加热使药物变性）等。其中的"伏"法，是炼丹过程中一项重要的烧炼方法，火药的出现就与这种方法有着密切的关系。

中国现存的道家文库《道藏》里，留下了与发明火药有关的最早记载。《道藏》也叫做《道经》，它是中国道教思想与实践的文献汇编，是道家经典的合集。其中的《诸家神品丹法》《铅汞甲庚至宝集成》和《真元妙道要略》等文章，都涉及了黑火药的发明。

在《诸家神品丹法》中，就收录了中国著名医药学家孙思邈的"伏火法"。

孙思邈生活在唐朝初年，他不仅仅是一位医学家，同时也是一位炼丹家。他经常到民间收集丹方，再到深山中采药制药，足迹踏遍了各大名山，积累了丰富的制药经验。后来，孙思邈撰写了一部名叫《丹经》的书，里面就详细记录了这种"伏火法"。这也是中国人用文字记载下来的第一个火药配方。

其内容是："硫磺硝石各二两，令研，又用销银锅或砂罐子入以上药在内。掘一地坑，放锅子在坑内与地平，四面却以土填实。将皂角子不蛀者三个烧令存性，以铃逐个入之。候出尽焰，即就口上着生熟炭三斤，簇锻之。候炭消三分之一，即去余火不用，冷取之，即伏火矣。"

把上面这段文字翻译过来就是：各取硝石和硫磺二两，研细后，放到用硝酸银做成的锅或砂罐里。然后在地上挖一个坑，把锅放进坑里，周围用土填实。再挑选三个没有被虫蛀过的皂角，逐个点燃后，放进锅里，让硝石和硫磺燃烧起来。等到锅中的火灭了以后，再拿生熟木炭各三斤，放在锅里一起炒。等到木炭被消耗掉三分之一后，撤火。最后趁着锅中的混合物还没冷却时，把它们拿出来，这就是"伏火法"。

用"伏火法"制造出来的这种混合物，已经与火药十分类似。炼丹家们把硫磺和硝石混合在一起，研细后点燃，混合物就会产生气体并释放出能量，如果这时加入木炭，就很可能会发生爆炸。

但是，炼丹家们使用"伏火法"的目的并不是制造火药，而是让这些化学元素变得更加驯服，以便拿去炼丹。

唐朝中期的《铅汞甲庚至宝集成》，也记载了与之相似的实验。

《铅汞甲庚至宝集成》的作者清虚子，在该书第二卷的"伏火矾法"中写道："硫二两，硝二两，马兜铃三钱半。又为末，拌匀。掘坑，入药于罐内与地平。将熟火一块，弹子大，下放里面，烟渐起。"

《铅汞甲庚至宝集成》中所记的"伏火矾法"与孙思邈的"伏火法"基本相同。只不过在这个实验里，作为燃烧剂的皂角，换成了具有相同作用的野生植物马兜铃。

如果说这两份资料里所记录的只是一种接近于火药的混合物，那么，在唐朝中期的《真元妙道要略》里，可以说是真正出现了关于火药的记载。文中写道："有以硫磺、雄磺合硝石并蜜烧之，焰起，烧手、面及烬屋舍者。"雄黄的成分为二硫化砷，其中含有 24.9% 的硫。蜜在燃烧后大部分炭化，可作为木炭的来源。因此，将硝石、硫磺、雄黄和蜜共同燃烧，便构成初级火药混合物，产生强烈燃烧现象，以至烧伤实验者的手面和烧毁屋舍。

这本书上还说"硝石宜佐诸药，多则败药。生者不可合，三磺（硫磺、雄黄和雌黄）等烧，立见祸事。"这表明，当时的炼丹家已经从"伏火"实验中，发现了硝石、硫磺和木炭三者混合加热后会发生爆燃的现象，并且掌握了粗硝的提纯技术。

中国古代的炼丹家们在无意之中发明了火药，并掌握了制造火药的相关技术。但他们却没有想到利用火药的爆炸性能去做点什么，反而只想竭力避免这种情况。直到宋朝初期，火药才被用在战场上，并形成了完整的生产技术。

制造火药，需要有纯硝石（硝酸钾）。早期古人提纯硝石，可能只用其水溶液煎炼再结晶法。后来，人们开始在提纯硝石的过程中，向溶液中加入少量草木灰水。因为草木灰中含有碳酸钾，可令硝石中的可溶性钙盐以碳酸钙形式沉淀，与溶液中的硝酸钾分离。这样一来，就可以从溶液中结晶出更纯的硝石。

明代军事著作家茅元仪在《武备志》中就提到了这种方法:"提硝用泉水或河水、池水。如无以上三水,或甜井水。用大锅添七升水,下硝百斤,烧三煎。然后下小石灰水一斤,再量锅之大小,或下硝五十斤,止用小灰水半斤。其硝内有盐碱,亦得小灰水一点,自然分开。盐碱水化为赤水不坐。再烧一煎,出在磁瓮内,泥沫沉底,净硝在中,放一二日澄去盐咸水,刮去底泥,用天日晒干,宜在二三八九月,余月严冬不宜。"其中的"小灰水"指的就是草木灰水。

清朝的袁宫桂还在《浒澥百金方》中提到,有人除了在硝的水溶液中加入草木灰水外,还会向里加入鸡蛋清、皂角及水胶,这样可以让杂质漂浮起来,容易除去。用这种方法提炼出来的硝,纯度更高。

硫是固态非金属元素,在自然界中可以游离状态存在,很多硫矿、温泉以及火山附近,都存在游离的硫元素,它与黏土、铁矿等共生。此外,要想得到硫,还有另外一种方法。

宋应星在《天工开物》里记载,将黄铁矿捣碎,用煤饼包起,堆积起来,外面用土砌成炉子,再拿矿渣把炉子盖起来。炉顶安一个陶管,与冷凝池相连,准备好后生火。当加热到450℃时,硫磺就会从黄铁矿中分离出来。由于温度高，分解出的硫蒸气就会沿陶管逸出，在冷凝池内冷却成块状或棒状硫，用这种方法可大量生产硫。

天然硫或炼制硫都含有杂质，这些杂质必须除去，才能制造火药。传统的提纯方法是将粗硫熔成液态，再重新结晶，结晶时温度必须控制在 115℃以上，但又要保持在燃点 270℃以下。

据茅元仪的《武备志》记载，提取纯硫磺的方法是：把五六碗水倒进锅里，烧开。然后把三四十斤含有杂质的硫磺放入，煮开后，盛在磁盆内，放一天，等到杂质沉淀在盆底，就可以得到纯净的硫磺了。

另一种方法是把麻油先制好，再入锅烧滚，然后下青柏叶半斤放在油内，等到柏叶呈枯黑色，把柏叶捞出来。接着将十斤打成豆粒状碎块的硫磺，放入二斤的滚油内，等到锅里起了黄泡，就将硫磺取出，放在冷水盆内，倒去上面的黄油，让硫沉淀在锅底。最后把硫取出来打碎，再放进柏枝汤内煮，洗干净以后，就可以使用了。

这种方法虽然没有后世发明的蒸馏提纯法有效，但由于从黄铁矿提硫时，已用蒸馏法取硫，粗硫本身纯度已经很高，经过再结晶法处理后纯度更高，因此这样就可以达到制造火药的要求了。

制造火药的第三种原料——木炭，由元素碳组成。碳有各种同素异形体，制火药者为无定形碳，由木材在隔绝空气时加热而制得。所用木材要求柔软，含纤维结构多，含树脂少。中国古代常用柳条，也可用杉、杨等，用麻秸亦佳。炭化前必须将外皮剥光烧制木炭之法，古人习以为常，所以略而不记。直到清代，烧制纯度较高木炭的记载，才见于袁宫桂所著的《洴澼百金方》和王韬的《火器略说》中。

提炼硝、硫和制得木炭之后，接着是将三者碾成所需大小的颗粒，并按比例配制成火药。由于它们各自的用途不同，因此比例及颗粒大小也有所不同。用于发射的火药中硫含量小，粒度较大，求其缓燃。炸药含较多硫，粒度较小，求其速燃。引线用的火药，又与这两者不同。同是炸药，军用及民用也不尽相同。总之，火药配方是变化多端的。古时常对此保守机密，故12—13世纪时，尽管文献中载有各种火器，但对火药配方讳莫如深。

在配制火药时，要将其原料碾碎并过筛，再按比例均匀混合。完成这一工艺有两种方法：一是将硝、硫、炭分别碾碎、过筛，再按比例混合，俗称"生配"。此法操作简便，单位时间内产量高，但有时碾硝易生小的硬粒，与硫、炭拌不均匀，古代传统方法多取这一种。二是先配成二元混合物（硝硫或硫炭），共同碾碎、过筛，再与第三者混合共碾，俗称"熟配"。此法操作较复杂，但混合均匀，火药稳定性高。

配制火药是危险的操作，掌握不好安全作业的要领便会发生爆炸，造成生命财产损失。例如周密在其《癸辛杂识》中，就记载了元朝时火药库爆炸的事件。

为了避免这种情况的发生，古人想了很多办法。例如，用来生产火药的工具有木制、铜制或石制的，而禁止用铁器，以避免撞击产生火星。由于碾料时有摩擦及撞击，因此就要先用水或酒将药料拌成膏状。这样一来，就算偶尔产生火星，也会很快熄灭。碾料用的石磨、石碾有时用畜力牵动。

除此之外，火药厂和药库都采用了轻型结构建筑，周围还设有安全带。通过这些措施，可以保证工人的安全。这一整套的火药安全生产规范，最早是由中国人建立制定的，后来为世界各国所沿用，直到近代。

火药制造的方法

如今，要想用硝、硫、炭三种成分制成火药已经十分容易，配方的比例也是多种多样。

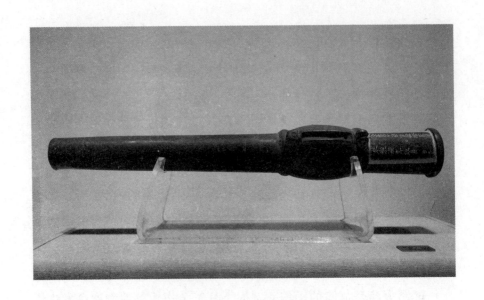

　　中国民间长期流传的简易配方"一硝二磺三木炭"，是指一斤硝酸钾、二两硫磺和三两木炭，配方比例为76%、10%和14%。1974年8月，人们在西安附近挖掘出了一批元朝中期的火铳。有关专家把其中残存的火药取出，进行了化验。结果显示，这种火药的配方比例为60%、20%和20%。明朝的抗倭名将戚继光，在《纪效新书》中，记载了用于装填鸟铳的火药配方：硝一两、硫一两四分、柳炭一钱八分。三种原料分别占火药总量的75.8%、10.6%和13.6%。这时的原料比例与现在世界各国所采用的配方已经大致相同。如1825年之后，美、英、法、德、俄等国的火药配方，基本都是75%的硝酸钾、10%的硫磺和15%的木炭。

　　从上述的这些配方可以看出，要想制造出黑火药，硝、硫、炭这三种原料是必不可少的。实际上，这三种原料早在汉朝时，就开始被古人所利用了。

　　在这三种原料中，硝的作用尤为重要。可以说，火药之所以会成为"着火的药"，硝起到了决定性的作用。

　　硝石在古代文献中的异名很多，包括硝石、芒硝、焰硝、火硝、苦硝、馅硝、生硝、地霜、北帝玄珠等。在西汉的《神农本草经》一书中，一共记载了 365 种药物，硝石就是其中的一种。可见，早在西汉时期，人们就已经发现了硝石。

硝石的化学性质很活泼，抛洒在赤炭上就可以产生烟火，而且，它还可以和许多物质发生反应。因此，很多炼丹家在炼丹过程中，常用硝石来改变其他药品的性质。

但是，由于硝石的颜色和其他盐类的颜色没有太大区别，所以古人常把它与其他盐类（如朴硝、水硝）弄混。直到南北朝时期，医学家陶弘景才指出了硝石与其他盐类的不同之处，即硝石在点燃后有青烟冒出，其他盐类则没有，这与现代的鉴别方法极为相似。这个发现也为后来大量采用硝石，做了技术上的准备。

火药发明出来以后，明末儒将茅元仪在《武备志·火药赋》中，阐述了自己对火药的看法。他认为，在火药的制造中，硝是"君"，硫是"臣"，炭是起辅助作用的"佐使"。

"君臣佐使"是中国古代医学领域里的常用词，主要用于形容把各种药物配合起来，达到某种综合效用的处理方法。茅元仪能够做出这番阐述，说明当时的古人已经认识到这三种成分的各自作用，特别是"硝"对于制造火药的重要性。

硫磺与硝石一样，也属于矿物，许多火山口附近都有结晶的硫磺。早在春秋时期（公元前 600 多年），就有一个名叫计然的越国人说过"流黄（硫磺）出汉中"。大约在西汉年间，古人在湖南省发现了硫磺矿，后来，人们又在陕西、河南等省，陆续发现了这些矿物。中国人很早就开始开采硫磺，并把它们用在冶炼当中。

硫磺释放出的二氧化硫气体，刺激人们的感官。在与这种物质接触的过程中，炼丹家们逐渐认识到硫磺的一些性能。人们除了得知它对治疗某些皮肤病有奇效以外，还发现了硫磺的一些特殊性质。

《神农本草经》里说它是"奇物"，可以和铜、铁等金属化合。

西汉的淮南王刘安是中国历史上有名的皇室发明家，传说我们现在常吃的豆腐，就是他在炼丹的过程中做出来的。在他主持撰写的古代论文集《淮南子》一书中，就有对硫磺的记载，并且明确记录了硫磺具有高度燃烧的性能。在那本著名的炼丹名著《周易参同契》里，也说硫和水银反应后，可以产生红色的硫化汞。

硫的这种性质，让古代的炼丹家们兴奋不已。于是，他们在炼丹的过程中频繁使用硫这种物质，企图用它炼制出"金液"和"仙丹"。

在实验中，人们还发现硫着火后容易飞升，性质很不稳定。为了让它更容易控制，炼丹家便开始使用前面提到的"伏火法"。这

种方法可以使硫与其他物质混合，改变性质，这大大促进了火药的发明。

和前两种物质相比，木炭就显得十分普通了，这也是中国人最知道和熟悉的原料。木炭是木材未充分燃烧后的剩余物，它比木材燃烧的时间更长。在古代，人们砍伐树木后，就会把木材烧成木炭，拿来做燃料。它出现的年代要比硫磺和硝石早得多。早在商周时期，中国古代的劳动人民

就掌握了"伐薪烧炭"的技术，并把它用在了金属的冶炼中。

而且，在冶金的过程中，木炭不仅被当作燃料来使用，还作为化学反应中的还原剂来使用。殷商时期的冶金遗址证明了这一点。

现代人认为，古人对硝酸钾的发现和利用，极大地促进了国药的发明。下面我们就来详细地说说这个原料。

古代没有精确的化学知识，不能像现代人那样区分各种不同的硝酸盐，而是把含有钾、钠、钙、镁的硝酸盐以及硫酸盐统称为硝。慢慢的，人们对这些矿物的不同特性越来越了解，于是便以一些别名对它们加以区分，并最终提取出较为纯正的硝酸钾。

硝在中国的古书和民间有着许多别名，例如硝石、苦硝、火硝，这些名称或由出产方式而来，或指它有苦味，又或者形容它可以燃烧的性质。除了产出硝石的矿藏，常见的硝生长在低洼潮湿的土地上。秋冬时节，干燥的硝会变成白色，很像雪或霜，在土地上格外显眼。有些生长在墙根的硝，被人们扫下来以后，就被称为土硝、地霜、墙霜。它主要是由土壤中含氮的有机物经硝化细菌的作用形成的。中国人在很早以前，就把这种硝土当作肥料来用，后来它又成为火药原料的重要来源。

陶弘景所著的《本草经集注》中，记载了 46 种矿物，其中与化学有关的有 10 余种，这本书为矿物鉴定奠定了实验基础。陶弘景不但可以分清硝石和朴硝，而且可以通过矿物燃烧时所产生的火焰，来辨别硝石的真假。他在书中写道："强烧之，紫青烟起……云是真硝石也。"意思是说，燃烧时产生紫青色火焰的是真硝石。

陶弘景发明的这种辨别矿物的方法，与现代化学中的火焰检验法极为相似。所谓的火焰检验法，就是把不同结构的物质放在火焰中，使电子处于激发状态，当电子在燃烧过程中发生转移的时候，就会放出不同的光波，因此才使得火焰产生了不同的颜色。

由此可见，中国的古人在很早以前，就已经发现，并且可以提取出比较纯净的硝酸钾、硫和炭了。这是火药发明的前提。

军事家的欣喜

回溯人类的发展史，不难发现，一项重要的科技发明刚刚问世时，人们往往并不关注它，有时还会嘲笑、惧怕它。但是，这些发明就像新生的婴儿一样，总会随着时间的推移慢慢成长起来，并最终成为有用之才。火药也是如此。

古代的炼丹家们早在唐朝就发明了火药，而且了解了它的爆炸性能。现代人在翻看古代的文献时，发现过这样的记载："有以硫磺、雄黄合硝石并密烧之，焰起，烧手面及烬屋舍者。"但是，炼丹家们只想把这种"药"拿去炼丹。因此，当他们发现这种"药"偶尔会着火爆炸后，反而更加小心谨慎起来。他们一再告诫徒弟，一定要提高警惕，或者不要把这几种药混在一起。

炼丹家们把火药看成是一种怪物，唯恐避之不及，就更谈不上利用了。于是，火药这个新发明也与历史上的许多科技成果一样，没有立刻派上用场，而是被封锁起来，严加看管。

直到多年以后，火药才开始得到应用。但是，它最初并没有用在军事上，而是用于马戏的演出以及木偶戏中的烟火杂技。在宋代的木偶戏中，"抱锣""硬鬼""哑艺剧"等杂技节目，都会运用刚刚兴起的火药制品"爆仗"和"吐火"等，以制造神秘气氛。除此之外，一些表演者还会借助火药表演幻术，例如喷出烟火以遁人、变物等，效果极佳。

火药第一次在军事上得到应用，是在唐末宋初。当军事家了解到火药的威力和特性时，他们欣喜若狂。炼丹家眼里的怪物，在军事家的手里变成了宝贝。

火药发明之前，军队攻城守城常用一种抛石机抛掷石头来消灭敌人。火药发明之后，人们开始利用抛石机抛掷火药包，这种火药包被称为"飞火"。据宋代路振的《九国志》记载，唐哀帝时，郑王率军攻打豫章（今江西南昌），就用"飞火"烧毁了豫章的城门。这可能是有关用火药攻城的最早记载。

宋朝刚刚建立时，中国仍处于四分五裂之中，并没有完全统一。宋太祖赵匡胤采取"先南后北"的战略，历时10余年，才终于攻破了这些割据政权，统一了中国。军事上的需要，使得火器迅速发展起来。

大家都知道中国四大名著之一的《三国演义》。书里提到，诸葛亮在赤壁之战中，指挥刘备和孙权的联军，用火烧连船的方法大破曹军，奠定了三国鼎立的局面。在这次战役中，吴蜀联军使用了一种叫做"火箭"的武器。其实就是在弓箭的箭头上绑一些像油脂、松香、硫磺之类的易燃物质，点燃后用弓射出去，用以烧毁敌人的阵地。

但是，这种"火箭"燃烧量不大，而且容易熄灭。军事家们就想，如果能用威力大、不易灭，且可以发出巨响的火药，代替油脂、松香等易燃物，绑在弓箭的箭头上，效果一定会好得多。

俗话说得好，光说不练假把式，北宋的军事家们有了这个想法以后，便很快操作了起来。据《宋史·兵志》记载，北宋开宝三年（公元970年），当时的兵部令史冯继升，进献了火箭法。南宋官员王应麟也在《玉海》中提到，公元969年，冯继升、岳义方，献火箭法。

所谓"火箭法"，实际上就是把火箭筒绑在箭头上，点燃后，利用火药燃烧向后喷出气体的反作用力，把火箭射出。这就是世界上最早的喷射火器。

北宋咸平三年（公元1000年），神威水军队长唐福，向宋真宗进献了他制作的火箭、火球和火蒺藜。两年后，冀州团练使石普，也制成了火箭、火球等火器。宋真宗让他们当场作了军事表演，并召集当朝官员一同观看。

火球和火蒺藜，实际上都是火药包。"火球"里面装有火药，外面装着引线，使用的时候，只要把引线点燃，就可以抛向敌方。而火蒺藜不仅有火药，还装有锋利的铁片。火蒺藜爆炸后，铁片四散飞开，不仅可以杀伤敌人，还可以阻挡敌人骑兵的前进。

这些火药武器，后来都被载入北宋的《武经总要》。这部书是北宋大臣曾公亮等人编写的，是中国现存最早有关介绍火器和火药的官方军事百科全书。书中记录了三个火药配方：唐代火药含硫、硝的含量相同，是1比1，宋代为1比2，后期又接近1比3，这个比例与后世黑火药的配方已经十分相近。

除此之外，硝和硫的加工、提纯技术进一步得到发展，火药的成分也更加复杂了。在这些成份中，有的燃烧性很强，有的爆炸性很强，还有的有毒性，它们都在不同程度上增强了火药的杀伤力。

宋代由于战争不断，对火器的需求日益增加。宋真宗时，开封已经有了较大的兵工厂，可以制造好几种火器。据宋敏求写的《东京记》所记，在汴京（开封）的"广备攻城"中，有专门制造火药的作坊名为"火药作坊"，内有大批技师和工匠生产火药和火器。

宋神宗时，朝廷设置了军器监，统管全国的军器制造。军器监雇佣了4万工人，设立十大作坊，生产火药和火药武器各为一个作坊，火药作坊更是位居十大作坊的首位。这标志着在当时的兵器中，火器已经受到了高度的重视和广泛使用。

一些古代文献上，还记载了当时的生产规模："同日出弩火药箭七千支，弓火药箭一万支，蒺藜炮三千支，皮火炮二万支。"这些都促进了火药和火药兵器的发展。

王安石革新变法时，坚持"强兵御敌"，发展军工，也促进了火药的发展。编著《梦溪笔谈》的沈括，支持王安石变法，公元1074年，他被任命为兼理新政的重要机构军器监，以改进和监督武器生产。在他的领导下，各种武器包括火药火器生产的数量和质量都大大提高。公元 1083 年，西北军民抵御西夏入侵，一次就领用了 25 万支火箭。由此可见当时火药火器生产的发达。

火器的发明，无疑是军事技术中的一次划时代的革命。比起早先的燃烧物，火药的优越性是巨大的：其一，火药燃烧速度极快，除纵火外，兼有爆炸性，发出可怕的巨响，破坏力比一般燃烧物更为猛烈，同时又易于引燃。其二，用机械装置投射一般燃烧物时，它们在空中运行期间常易被较强的气流所冷却而熄灭。用火药则由于硝石本身是氧化剂，没有氧气也可以照样燃烧，投射过程中不易熄灭。其三，火药的爆炸力足以摧毁强固的城堡和其他防御工事，巨响给敌人带来心理上的恐惧，这是任何冷兵器或其他纵火剂所无法比拟的。其四，火器可大可小，能攻能守，适于步兵、骑兵和水军，可用于任何地形（包括水面）作战。火药和火器使传统的作战方式为之一变。

但是，前面所提到的这些火器，主要还是利用火药的燃烧性，属于燃烧性火器。它们还没有真正发挥出火药的爆炸性能。

黑色火药极易燃烧，而且烧起来相当激烈，它如果在密闭的容器内燃烧就会发生爆炸。火药燃烧时能产生大量的气体（氮气、二氧化碳）和热量。原来体积很小的固体的火药，体积突然膨胀，猛增至其几千倍，这时容器就会爆炸。这就是火药的爆炸性能。利用火药燃烧和爆炸的性能可以制造各种各样的火器。

北宋末年，金军不断南侵，在战争中，金人也学会了制造火药和火药武器的方法。此后，宋、金双方开始不断改进火药武器，以求在军事上取得更大优势。这时，爆炸威力比较大的火器像“霹雳炮”出现了，这类火器主要是用于攻坚战或守城。公元 1126 年，宋朝抗金名臣李纲，曾用霹雳炮击退了金兵的围攻。

南宋时，长江流域和东南一带都有兵器作坊。由于能工巧匠的多次实验，火药的性能不断改进。人们找到最佳的配方，制成含硝量较高、含硫量低的固体火药，并改善了火药的引线。固体火药的研制成功，是火药技术中的一项重大突破。人们可以根据火药药料的不同配比，生产出各种不同用途的火器，从而形成燃烧性火器、爆炸性火器和管状火器几大类。

公元 1132 年，南宋名臣陈规发明了火枪，这是世界上第一个管状火器。火枪由长竹竿制成，先把火药装在竹竿内，作战时点燃火药喷向敌军。

公元 1259 年，宋朝军队又发明了一种"突火枪"。据《宋史·兵志》记载，这种"突火枪"是以巨竹筒为枪身，竹筒内装填火药和子弹。点燃后，利用火药燃烧产生的气体的力量，把子弹射出。这是世界上第一种发射子弹的步枪。

战争促进的发展

宋、金连年交战之时，蒙古族在漠北逐渐强盛起来。蒙古骑兵不断进攻金国北部，使金的疆土越来越小。宋理宗绍定四年（公元 1231 年），蒙古 3 万骑兵进入大散关（今陕西宝鸡西南），一路势如破竹，直取中原。

蒙古骑兵很快攻破河中府（今山西永济），金国将领从水路逃跑。蒙古骑兵在后紧追，发箭如雨。金国将领跑了几里水路后，被一条大船挡住了去路，这位金国将军立即下令用"震天雷"把船炸毁，才得以逃脱。后来，蒙古兵攻打金国南京（今河南开封）时，金人守城时所用的武器中也有"震天雷"。

"震天雷"其实就是用生铁铸成的罐子，里面装有火药。发射前先计算目标远近，然后加上一定长的引线，引线点着后，立刻用投石机发射出去。在它刚刚到达目标的时候，引线正好点着罐子里的火药，"震天雷"就炸开了。

《金史》里这样描述"震天雷"这件火器："火药发作，声如雷震，热力达半亩之上，人与牛皮皆碎并无迹，甲铁皆透。"这个说法可能有一点夸张，但也说明当时的火药威力之大。

经过几十年的战争，蒙古军队最终征服了金，灭亡了南宋，建立了元朝。

据说，南宋灭亡后，元军把宋朝丞相赵葵的房屋收来，当作火药库房。有一天，元兵制作火药时，不小心点着了库里的火炮，结果火药库房被炸塌，库房边4只圈养的老虎也被炸死了。

这种因火药引起的事故还不止一件。当时，扬州一个火药库也被元朝征用，并且换上了不熟悉火药的工人。结果由于工人"不谙药性"导致库房起火，并烧到火炮库房，引起了一场大爆炸。古代文献中记载，当时"诸炮并发，大声如山崩海啸，百里外屋瓦皆震，凡一昼夜。守兵百人皆糜碎，平地坑深丈余，库外四周居民二百余家，无不摧毁。"

这说明，在元朝初年，中国制造的火药已经有了相当大的爆炸力。

元朝时，管状火器得到了巨大发展，开始用金属铸造。原来用竹管做的火炮，发展成金属做的火铳，用粗毛竹做的突火枪也发展成为用金属做的大型火铳。当时的金属管形火器，不但装有火药，还装上了铁弹或铁球。

元朝的管状火器，最初是用铜铸造的。元代至顺三年（公元1332年），元朝制成铜火铳，它重6.94公斤，长35.4厘米，口径10.5厘米，上刻铭文："至顺三年二月十四日，绥边讨寇军。第三百号马山。"说明是用于边防作战的。它的铳头稍大，用以安放石弹。铳身装火药，铳尾有火眼，用以点发。这是已经发现的世界上最早的铜火炮。由于这种铜炮威力最大，因此被人称作"铜将军"。如今，这门"铜将军"就保存在中国历史博物馆里。

元至正十一年（公元1351年），中国还铸造了一只铜火炮。它重4.75公斤，身长43.5厘米，口径3厘米。这门火炮与上面提到的那门火铳相比，口径大为缩小，更有利于射击的准确度和延伸距离的提高。它造工精美。炮尾刻有"至正辛卯"四个篆字，表明它造于元代至正十一年。炮身前端刻有"射穿百札，声动九天"八个篆字。"札"，指的是古代武士盔甲上的甲叶。意思是说这门火炮能射穿一层厚的甲叶，火炮发射的声音能震动九天，威力巨大。火炮中部刻有"神飞"二字。这门铜火炮如今收藏在中国人民革命军事博物馆内。它出现的时间，比西方国家现存的两尊古"火筒"的制造时间，还要早29年。

用金属铸造的管形火器射程远、威力大。因此，铜火器比起以前的火药武器又大大前进了一步。

元末明初，人们在管状火器里装上了子弹或炮弹，这就与现代的枪炮更加接近了。而现代的枪炮，无非是在原来管形火器的基础上，装上了瞄准器，使得射击更准，在枪筒里加上了来复线，使得射程更远。

到了明代，有人为了使火箭发挥更大的威力，把几十支火箭装在一个大筒里，把各支火箭的药线都连到一根总线上。这种火箭叫做"多发火箭"，它还有一个十分好听的名字——火弩流星箭。

人们在使用这种"多发火箭"的时候，只要先将总线点着，就能使几十支火箭一齐发射出去，威力很大。如可以发射32支箭的"一窝蜂"，还有最多可发射100支箭的"百虎齐奔箭"等。

明朝的燕王朱棣（后来的明成祖）与建文帝朱允炆在白沟河大战时，就曾使用"一窝蜂"。这是世界上最早的多发齐射火箭，堪称是现代多管火箭炮的鼻祖。尤其值得提出的是，当时水战中使用

的一种叫"火龙出水"的火器。据《武备志》记载，这种火器可以在距离水面三四尺高处飞行，远达二三里。这种火箭用竹木制成，在龙形的外壳上缚四支大"起火"，腹内藏数支小火箭，大"起火"点燃后推动箭体飞行，"如

火龙出于水面。"火药燃尽后点燃腹内小火箭，从龙口射出。击中目标将使敌方"人船俱焚"。这是世界上最早的二级火箭。

另外，《武备志》中还记载了"神火飞鸦"等具有一定爆炸和燃烧性能的雏形飞弹。"神火飞鸦"用细竹篾绵纸扎糊成乌鸦形，内装火药，由四支火箭推进。它是世界上最早的多火药筒并联火箭，与今天的大型捆绑式运载火箭的工作原理很相近。明初还有人根据火箭的原理发明了原始的飞弹。

明代技术水平最高的火箭发射出去还能再飞回来，叫做"飞空砂筒"。按照《武备志》的记载，这种火箭是把装上炸药和细砂的小筒子，连在竹竿的一端，再用两个"起火"（焰火）一类的东西，一正一反绑在竹竿上，最后点着正向绑着的"起火"，整个筒子就能飞走了。等到"飞空砂筒"飞行到敌人的上空时，引火线点着炸药，小筒子就会爆炸。同时，反向绑着的"起火"也被点着，使竹竿飞回原来的地方。这种"飞空砂筒"，不但是一种两级火箭，而且能飞出去又飞回来，十分巧妙。

明代还发明了铁质触发的击贼神机石榴炮和石质拉发的威远石炮、木质木炮，以及可以定时爆炸的慢炮。击贼石榴炮形似石榴，内装火药、毒药和火种，外图彩纹，敌人稍一触动，即刻引起爆炸。威远石炮是一种类似地雷的石壳炮，置敌兵行军必经之处，用长绳拉爆歼敌。慢炮内装火药和发火装置，点燃后三四小时自动发火爆炸，使敌军防不胜防，最易遭其杀伤。

火箭的发明是空间技术史上的一件大事。中国古代在火箭技术方面也有着光辉的历史。最早发明用火药做的火箭是靠人力用弓发射出去。后来，人们又发明直接利用火药的力量来推进的火箭。这种火箭上有一个纸筒，里面装着火药，纸筒的尾部有一根引火线。引火线点着以后，火药就燃烧起来，产生一股猛烈的气流从冠部喷射出去，利用这股气流的反作用力，将火箭推送出去。这种原理和现代的火箭相同。

明朝进一步提升了火箭的作战能力，火箭的发展，使人产生了利用火箭的推力飞上天空的愿望。根据史书的记载，14世纪末，明朝一位名叫万户的人，曾经在一把椅子后面装上47枝大火箭，人坐在椅子上，两手拿着两个大风筝，然后叫人用火把这些火箭点着，试图借助火箭的推力和风筝的升力实现飞行的梦想。尽管这是一次失败的尝试，火箭不幸爆炸，万户也为此献出了生命，但他也因此被誉为利用火箭飞行的第一人。为了纪念万户，月球上的一个环形山以万户的名字命名。

到了清代，随着商品经济的发展和资本主义萌芽的出现，特别是由于战争的需要，火药、火器的应用更加广泛。

顺治初年，清政府在北京设立了制炮厂，并在每旗都建立了制炮厂和火药厂。到康熙时，吴三桂等人发动三藩之乱。由于对三藩之乱和后来对边疆各省用兵的需要，这一时期火炮发展较快。

康熙为了平定三藩叛乱，先后设立了3个制造枪炮的厂局，其中之一就设于紫禁城内的养心殿，其制造的枪炮专供皇室和满洲八旗之用，称为"御制"，可见康熙帝对造枪炮之重视。

在制造大炮的过程中，布衣出身的著名火炮专家戴梓得到重用。戴梓，浙江人，博才多艺，康熙曾亲自召见他，并被命以学士衔直走南书房。经过不断的努力，戴梓先后制成了"连珠火铳""蟠肠鸟枪""子母炮"等新型武器。

"连珠火铳"形似琵琶，以机关开闭，装填一次可以连续发射28发。这种火器实际上就是现代机关枪的雏形，是当时世界上的首创。而子母炮尤为先进，"子在母腹，母送子出，从天而下，片片碎裂，锐不可当"。康熙为了嘉奖戴梓，特将子母炮封为"威远将军"，并把戴梓的名字刻于炮身上。

另一方面，康熙注意吸收西方先进的制炮技术，决定启用当时

在朝任钦天监监理的比利时传教士南怀仁造炮。南怀仁接旨后，为清政府"依洋式铸造新炮"。

康熙年间制造的炮很多，其中有一种尤显先进。它是后装炮，但其形制与子母炮等后装炮有明显不同，其装填弹药改由膛底直接装入（子母炮等从炮腹装入），发火装置安装在木柄前部，用绳索向后拉动使火机发火；后柄安装有活动机关，十分灵便。此炮造于康熙二十四年。

雍正、乾隆时期，清朝政治者强调火炮是"军中最紧要之利器"，同样也重视火炮的制造，对京师和东北地区、青海、甘肃等边防要塞的残损破旧的火炮进行了更换，使火炮火器在巩固边防的战争中发挥了重要作用。

嘉庆以后，清朝政治日益腐败，经济逐步衰退，科学技术渐渐落后，这一切都说明清王朝开始走上腐朽没落的道路。从此，清代曾一度发达的火炮火器制造，也随之停滞不前，并日趋衰落下去。

驱邪与祈福

火药除了被人们用于军事方面以外，还有其他对人类来说影响极大的用途，那就是驱邪、祈福以及娱乐。

每逢过年过节，许多小朋友都盼望着看烟花、放爆竹。有些胆大的小朋友还会自己去点燃烟花爆竹的引线，然后捂着耳朵跑开，或等着那一声巨响，或等着绚烂的烟火冲天而上。这些烟花爆竹的内核就是用火药制造的。

实际上，早在宋朝时，中国就有了关于燃放焰火的记载。周密在《武林旧事》一书中提到，南宋的都城临安，在每年的元宵节这天，都要张灯结彩、大张旗鼓地庆贺。作者在书中就描写了当时宫中燃放爆竹的情况："殿司所进屏风，外画钟馗捕鬼之类，而内藏药线，一燃而连响百余不绝。"

这是古代文献中对爆竹最早也最为形象的描述，而且也是引火线最迟在宋代就已经出现的证明。

其实，爆竹在火药没有发明之前就已经出现了。当时人们用火烧竹子，使之发出爆裂声，用来驱逐瘟神。虽然这是一种迷信的做法，但反映出古代人民渴求安泰的美好愿望。到了唐朝，人们把一小节竹子换成了长竹竿，这样就能发出连续的爆破声。因此，这时的鞭炮又被称为"爆竿"。

最初，人们燃放鞭炮是为了辟邪。后来，燃放烟花爆竹成了一项娱乐活动，每逢过年过节，不管达官贵人还是平民百姓，都喜欢放爆竹、燃焰火，增添节日的喜庆气氛。宋代著名文学家、政治家王安石曾在他的诗《元日》中这样描绘过过年时燃放鞭炮的情景："爆竹声中一岁除，春风送暖入屠苏。千门万户瞳瞳日，总把新桃换旧符。"

到了南宋时，烟花爆竹的制作开始涉及火药。宋代文学家孟元老在《东京梦华录》中就记录了当时南宋军士用爆竹为皇帝表演的情景："忽作一声霹雳，谓之爆仗。"从南宋高宗绍兴年间到南宋末年，关于火药用于爆竹的记载越来越多。这一时期，人们还发明了用火药和纸卷筒做原料的爆竹，并用麻绳扎成一串，这与我们现在的"鞭炮"几乎一模一样。

南宋宝庆元年（公元 1125 年），宋理宗在一年一度的元宵佳节宴请杨太后。为了助兴，宋理宗命人在庭院中燃放烟花，场景十分的壮观。当多达 300 余架的烟花点燃后，随着阵阵鸣响，无数五颜六色的光柱腾空而起。

当时有一种焰火，叫做"地老鼠"，如果把它点燃，焰火就会在地上乱窜。当天人们就放了这样一个焰火，结果，这只"地老鼠"被点燃后，直接窜到了太后的脚底下，把太后吓得大惊失色，拂袖而去。宋理宗见惊了太后，立刻大怒，当即下旨要将燃放烟花的负责人陈询关押起来，严加处置。后来杨太后得知真实情况后，认为不应怪罪陈询，就下令将他放了。

"地老鼠"主要是利用燃放时火焰和气体从喷孔中喷出所产生的反作用力，使之在空间成规则性快速旋转，使人产生一种视觉误差，将其视为各种色彩的花环、花瓣，几乎能达到以假乱真的艺术效果。

南宋钱塘人吴自救的《梦梁录》一书中这样写道："其各坊叫卖苍术小枣小绝，又有市爆仗、成架烟火之类。"书中还有"烟火屏风诸般事件"等记载。书中所说的"成架烟火"和"烟火屏风"，实际上就是将各种各样的烟花、爆仗用药线按一定的顺序串联起来，捆绑在高大的木架上点放的大型烟火杂戏。

宋朝时的烟花已经初具规模。每逢元宵佳节，达官贵人还会互相攀比，他们从掌灯时分就开始燃放烟花，一直持续到半夜。辛弃疾曾有"东风夜放花千树，更吹落，星如雨"的词句，描写的正是燃放烟花的情景。

清朝时，礼花从西欧返入中国。它的发展与化学工业、冶金工业密切相关。随着科学技术的发展，烟火、礼花已形成一门学科。它不再仅仅为节日助兴，而且，被广泛用于国防和国民经济之中，如：照明弹、曳光弹、烟幕弹、燃烧弹、教练—模仿弹、目标指示弹等等，不胜枚举。除了军事用途之外，各种信号制品被使用在铁路运输、空运、海运和内河运输上。各类烟幕剂还用来防止局部地区冰冻，研究大气中和各种装置中的气流，以及用来和害虫作斗争。此外，白色、黑色以及其他有色烟剂还被广泛地使用在摄制影片上。

礼花的强光来自那些化学性活泼的金属，如铝、镁、钛、锆等粉末。这些金属粉末在空中与氧化合，剧烈燃烧，温度可高达三千余度，因而放出耀眼强光。这些金属粉末被称为发光剂。而礼炮之所以可以发出五彩缤纷的亮光，全

是由于发色剂的原因。所谓发色剂，其实就是一些普普通通的金属盐类。原来，金属盐类可以在高温下分解，而不同的金属蒸气有着不同的光谱，所以就能发出不同的光芒。

例如，钠蒸气产生黄色光谱，于是便用草酸钠、氟化钠、冰晶石或硅氟酸钠等作为黄光发色剂；锶蒸气产生红色光谱，于是用硝酸锶、碳酸锶、草酸锶等作为红光发色剂。其他如：绿光用氯酸钡、硝酸钡，蓝光用碳酸铜、孔雀石，金光用金粉，白光用铝粉，等等。

爆竹和火箭技术的发展还有着密切的联系。不管是古代还是现代，"二踢脚"都是人们常常燃放的一种爆竹。在最早的时候，它叫做"流星"或者"起火"。这种爆竹之所以可以冲天而起，是因为里面的火药燃烧起来以后，会猛烈地向下喷气，这种气体就给了爆竹一个反作用力，使它可以一下窜到空中。

打个比喻：如果一个人在跑步时速度太快，一不小心撞到了墙上，被反弹回来。这时，就说他给了墙一个作用力，而墙给了他一个反用力。这个作用力和反作用力大小相等，方向相反。又比如说我们在拍皮球时，拍一下球，就给了球一个作用力，而球给了你一个反作用力。因此，我们在使劲拍皮球时才会感到手疼。

同样的道理，如果我们突然把一只吹得鼓鼓的气球扎破，里面的气体就会一下跑出来，把气球往相反的方向推去。"二踢脚"之所以能够腾空而起，也是因为这个道理。这不仅仅是爆竹飞天的原理，也是火箭运动的基本原理。

火药的西传

弗里德里希·冯·恩格斯，是德国的思想家和哲学家。猛然听到这个名字，可能大多数人都会首先联想到共产主义。实际上，恩格斯除了热衷于政治运动以外，还精通历史，对军事科技也非

常熟悉。

对于火药的传播，恩格斯曾经明确指出："现在已经毫无疑义地证实了火药是从中国经过印度传给阿拉伯人，又由阿拉伯人和火药武器一道经过西班牙传入欧洲。他在文章《军队》中写道："法国和欧洲其他各国是从西班牙的阿拉伯人那里得知火药的制造和使用的，而阿拉伯人则是从他们东面的各国人民那里学来的，后者却又是从最初的发明者——中国人那里学到的。"

中国著名历史学家冯家升教授曾对火药的发明和传播问题做过专门研究。冯家升教授在美国与人合写了《关于中国火药之西传》一文，他回国后不仅写了《中国火药的发明和西传》一书，还在各种学术刊物上发表多篇有关火药的文章，成为此类论述的专家。文中谈到火药与火器的传播时写道：火药传播始于公元 1225 年，由南宋经印度传入伊斯兰教国家；公元 1258 年后，各种火器由元朝传入伊斯兰教国家。

根据国内外多位科技史专家的研究和结论，可以对中国的火药和火器的传播路径有所了解。从 13 世纪开始，中国的火药和火器逐步传入阿拉伯国家，后来经过阿拉伯国家又传入欧洲各国，从而促进了阿拉伯国家和欧洲国家火药和火器的发展。

　　7 至 9 世纪，由于吐蕃人在今西藏地区建立了政权，阻塞了中西的交通线路，因此，阿拉伯国家的中心地区和中国被迫改为经由海道交往。"波斯船""唐人船"在当时作为交通工具频繁往来于中国沿岸与波斯、美索不达米亚沿岸之间，一艘船两年来往一次。中国的炼丹术是在八九世纪时传入阿拉伯国家的。中国炼丹家以丹砂为万灵之主，用以炼仙丹、金银。波斯炼丹家把丹砂叫作"赤硫磺"，也用于制作"阿历克斯"（仙丹）、炼金银。中国炼丹术传入阿拉伯国家的同时，硝也随之传入。

　　12 世纪末出生于西班牙的伊本·贝塔尔曾周游过埃及中东各地，收集记录各类药物 1400 多种，并著有《医药典》。"巴鲁得"一词，在 13、14 世纪的阿拉伯文里曾指的是硝，后来才专指火药。《医药典》中对"巴鲁得"一词作过注解：埃及的老医生都称这种东西为"中国雪"。"中国雪"其实就是制作黑火药的原料之一——硝石。早在八、九世纪时，阿拉伯人把"中国雪"当作一种药料使用。大约到伊本·贝塔尔写《医药典》时（公元 1225—1248 年），阿拉伯人已把"中国雪"用于燃烧方面了。

　　"中国雪"这个名称，表明硝是从中国传入后，阿拉伯人才学会利用的。硝在阿拉伯人那里，还有一个名称，叫作"中国盐"。

　　硝最初作为医药使用，之后才用于火药的制作。最早医生用硝治病，炼丹家用硝制仙丹、炼金银，工人用硝制琉璃。早期军事家并不知道硝可以用于火攻。一本写于公元 1225 年的阿拉伯文兵书抄本，曾对火攻法有过详细描述，可是只讲到各种硫磺和油质，没有提到硝。南宋时期，阿拉伯与中国之间交通更为频繁，广州、泉州等东南沿海大城市都有以阿拉伯人为主的外国侨商聚居的场所，这些场所被称为"善坊"。因此这些客商可能对火药制作方法传播到阿拉伯国家起过一定作用，但更为主要的传播途径是战争。

公元1218年开始，成吉思汗曾率领蒙古人两度西征，首当其冲的是阿拉伯各国。所到之地由中亚、西亚至波斯，据史料记载"成吉思汗用火药炮轰击波斯"。之后大军又抵达黑衣大食，因其旗帜尚黑，故中国史籍称其为"黑衣大食"。黑衣大食以伊拉克为中心，在底格里斯河畔营建了新都巴格达。该城宏伟壮观，人口众多，商贸繁盛，是与当时的长安、君士坦丁堡齐名的世界性大都市。

乌浒河（即阿姆河）之战，蒙古兵曾使用"毒火耀"、火箭、火炮等武器。公元1258年，蒙古人率兵攻打黑衣大食都城巴格达，城中人竭力守城，巴格达被蒙古军包围。阿拉伯文兵书曾记载蒙古兵用过"铁瓶"，法国火药史家认为"铁瓶"就是《金文》中所记载的"震天雷"。根据推测，"铁瓶"就是南宋人所谓的"铁火炮"。蒙古军最终消灭了黑衣大食，又西取大马士革。此时，蒙古军队所到的伊斯兰国家除去西班牙南部外，只剩下埃及和摩洛哥等地。马木路克仓促成立于埃及，1260年，马木路克大军在巴勒斯坦和叙利亚附近的艾因基阿鲁特打败了蒙古大军，这是蒙古大军在西征历史上第一次野战中被对手全歼。局面稳定下来之后，双方对峙了很多年，因为有不少蒙古军投降到马木路克去。这些投降的蒙古军随身带去许多武器，因此，马木路克方面就得到了火器，也得到了知道如何制造火器的人。

据阿拉伯文兵书记载，当时曾有两种火器传入伊斯兰教国家，一种叫"契丹火松"，是和敌人空手交战时用的；另一种叫"契丹火箭"，用于远射。"契丹火箭"在水战中使用非常有利。13、14世纪，西方人称"中国"为"契丹"，因此这种火枪、火箭，显然出自南宋或元朝。到了13世纪末至14世纪初，阿拉伯人把蒙古人传去的"火筒"和"突火枪"发展成为两种"马达发"（阿拉伯文'火器'的意思）。第一种是很短的筒子，里面装入火药，把石球安置在筒口，点着引线后，火药发作，把石球击出。第二种是一根长筒，先装上火药，把一个上下能活动的铁球或铁饼搁在筒内，并且拴在大门旁边，然后装上一支箭，临阵时点着引线，火药发作，冲击铁球或铁饼而把火箭推出去。

13世纪后，火药由中国传入阿拉伯国家后，再由阿拉伯传入欧洲。欧洲人认为现在留存下来的《制敌燃烧火攻书》，是欧洲最古老的讲火攻的一部书。它是用拉丁文写的，因此很可能原是阿拉伯文的书籍。在公元13、14世纪时，欧洲各国在文化上远远不如当时相当发达繁荣的阿拉伯国家。因为在古罗马灭亡后，欧洲除了天主教会还保存了某些古希腊罗马的文化和典籍外，社会文化停滞荒芜，而此时的阿拉伯人却建立起庞大的帝国，社会比较稳定，经济、政治、文化都得到了发展提倡。阿拉伯人翻译、保存了古希腊的大批哲学和科学著作，研究方面也相当兴盛。当欧洲人重新感到需要科学文化并想学习研究古代希腊罗马古典时，就转向阿拉伯人，再由阿拉伯人那里翻译和学习西方人自己原来创造的那些典籍。这在13、14世纪时成为一种必要的工作和学术上普遍的做法。《制敌燃烧火攻书》一书里记载了希腊的马尔库斯的名字，欧洲人就认为这是他写的著作。但此人在史籍中无从查考，在这本书里也没记载此人的生卒年代和籍贯。这本书现存于巴黎国家图书馆的藏本约写于13世纪末，德国的图书馆有两种藏本，约写于公元1400年至1438年。拿破仑发现此书后很重视它，并下令将《制敌燃烧火攻书》翻印，因而为欧洲讲火药史的人所知。书中讲到火药、飞火、火炮和所谓的"希腊火"。其中"飞火"的记载如下："飞火是这样制造的：一磅硫磺，二磅柳木炭，六磅硝，三种在大理石上同研，然后装入火筒，或花炮筒内。注意：起火筒须长而细，装药子须紧；花炮筒须短而粗，装上药子一半为止。"

《制敌燃烧火攻书》中记载了火酒与硝，而13世纪的欧洲还没有这两种东西，伊斯兰国家在13世纪发明火酒，在13世纪时把硝用于军事，可以认为这部书是阿拉伯人在13世纪里写的著作，然后才译成拉丁文。

另外，有一种阿拉伯书《八十八自然实验法》，也是中古时期欧洲人译成了拉丁文的。其中有许多方子和《制敌燃烧火攻书》相似。还有一本用拉丁文译的阿拉伯书，其中讲火攻法的部分，完全同《制敌燃烧火攻书》一样。这些情况也很可佐证《制敌燃烧火攻书》应主要来自阿拉伯人的知识，或者就是阿拉伯著作的拉丁译本。

被某些英国人认作火药发明人的罗吉尔·培根，本人确实是欧洲中世纪的一位很了不起的科学思想家。他在三部书（写于1265—1267年间）里都谈到了火药。其中有这样的一段："我仍以小孩玩具为例吧，世界上有许多地方制造像拇指大的一种东西，东西虽小，但由于其中有一种属于盐类的叫作"硝"的东西，因此能够爆炸。当硝爆炸时，这个用羊皮纸制的小东西发出的可怕声音，比雷还响，发出的光比随雷而来的闪电还强。"从他的描述里，我们可以推测出他所说的是中国的爆竹。那时，有些欧洲的教会人士曾出使蒙古和元朝宫廷，很可能带回来一些，爆竹的出现使欧洲人大为惊奇。

罗吉尔·培根作为英国的罗马教徒和芳济会僧侣，很可能得到过这种赠品。罗吉尔·培根深感当时欧洲落后，也曾大声疾呼科学已被异端的阿拉伯人掌握了，为了获得科学知识，欧洲人要快学阿拉伯文，重视科学研究。他是欧洲最早知道和介绍火药的人，有重要功绩。从他的叙述中看，他并没有从事火药的发明工作，我们在他的记录里也找不到关于火药发明的实际经过。

生活在13世纪的德国人大亚力卑尔特，生于一个教会家庭，学识渊博。在他丰富的著作中，就讲到了阿拉伯人制作火药的事迹。大亚力卑尔特曾把火药的知识写在书内，但是欧洲火药却在他死后几十年才出现。

中世纪中期，欧洲和阿拉伯国家之间发生了长期的军事冲突，战争在西班牙、意大利、小亚细亚和地中海各岛屿上断断续续进行，时间长达几百年。在长时期的战争中，阿拉伯人大量使用了火器。如公元1312年和1323年，阿拉伯人两次围攻西班牙的巴萨城，攻

城士兵用抛石机向城中猛烈地发射火球等火器，声震天地，杀伤力极大。在长期的战争中，欧洲人也从阿拉伯人那里接触到火药和火器，从而开始学习关于制造和使用火药、火器的知识和技术。

公元 1327 年，英格兰国王爱德华三世加冕时，伦敦主教献辞。在那张加冕辞上，画着一个瓶形火炮。这个火炮被安置在一张桌子上，口内插一支枪，枪口对准堡垒的门，一个武士正在点火炮上的引线。公元 1338 年，法国的一种中世纪的老法文档案说，当英法交战时，一个英国将军从另一个将军那里接到一个"铁罐子"，铁罐子里装着一磅硝和半磅硫磺。这个铁罐子就是"震天雷"，这种火药的成分只有硝和硫磺，没有木炭，可见法国初期火药尚未达到一定标准。

14 世纪中叶，欧洲有了管状火器。公元 1345 年，一份法文档案记录了土劳斯国王送来两尊铁饱、8 磅火药、200 颗铅弹的事。同年，英格兰国王爱德华三世下令制造"瑞波里斗"式射击性火器。人们把 2—3 个筒绑在一起，用完一筒，再用第二筒。这就是后来"二眼铳"和"三眼铳"的最初形式。公元 1357 年，英国另有一种火箭出现，叫"提拉尔"，可以发射石弹。

在意大利一个古老的礼拜堂中，墙上有中古时画的壁画，其中有一幅公元 1345 年的壁画描写水师作战的情形。这幅画的右边画了一只船，船中有一人拿一支管形火器正在发射。这种火器就是英国人制造的"提拉尔"。

到了 15 世纪，欧洲国家也造出了用火药发射的火炮。不过，欧洲人学会使用火药的时候，中国人早已使用几百年了。

以上事实，已经证明中国是火药的真正发明者。这种新的力量，既是自然力，也是人的创造力，是由人类经验的积累和聪明才智重新改造过的自然物质力量。火药这种新型的威力强大的物质力量，给人类的生产、生活和军事活动提供了新的天地，改变着历史的面貌。

但是，创造火药与火器的中国人，到了近代，却被西方的洋枪洋炮打败，备受侵略。这是因为欧洲人虽然没有发明火药，却在学到之后不断改进了火药与火器。他们发展了近现代的资本主义生产、社会制度与文化，赶上并超过了原来优于他们的中国，变成了世界历史的主角，这是值得我们深思的。所以，发明火药虽然值得我们自豪，却不应骄傲自大。落后的西方，能在学习中国和阿拉伯人之后赶超，中国人也同样能做到这一点。

第五章

指南针：方位的判别

指南针，中国古代四大发明之一，是一种用来判别方位的简单仪器，常用于航海、大地测量、旅行及军事等方面。

指南针在中国已有2000多年的历史，古代书籍中有关指南针的记载很多。我们现在所说的指南针是一种总称，在各个不同的历史时期，它有不同的形体，也有不同的名称，如司南、指南鱼、指南针。

尽管指南针的最初发明年代已经无法考证，但显然，它是中国古代劳动人民集体智慧的结晶。

大约在12世纪下半叶，指南针经阿拉伯传入欧洲，推动了欧洲航海事业的发展。……从此以后，世界格局被打破，美洲的开发和欧洲各国的资本积累在飞跃发展，指南针西传就像抽开了时代的泄洪闸，欧洲中世纪的落后和污垢在资本主义铺天盖地的洪流中荡然无存。

——马明中《中国四大发明及其对世界历史的影响》

磁石的发现和利用

　　与中国很多其他的发明相似，指南针的发明是中国劳动人民经过长期劳动实践的产物。在生产劳动中，人们接触了磁铁矿，开始了对磁性质的了解。人们首先发现的是磁石能够吸引铁的性质，后来又发现了磁石的指向性。通过漫长的实验和研究，终于制成了可以使用的指南针。

　　中国是最早发现和利用物质磁性的国家。早在先秦时代我们的先人就已经积累了许多这方面的认识，他们在探寻铁矿时常会遇到磁铁矿，即磁石（主要成分是四氧化三铁）。磁石是有磁性的物体，有天然和人造两种。四氧化三铁就是天然磁体，它具有明显的磁性，易被人们发现。

　　人类很早就发现了天然磁石，它是一种磁铁矿石。关于磁石的传说可多了。有一个记载说，古代用磁钉钉成的木船，曾经被一个

有天然磁石的"磁岛"吸引住动弹不得。更有人传说，那磁石能把铁钉从船上拔下来……

　　古籍中关于"磁石"的记载有好几种，《管子》中最早记载了这些发现："山上有磁石者，其下有金铜。"《吕氏春秋》精通篇记有"慈石召铁，或引之也"。那时的人称"磁"为"慈"，因为它一碰到铁就能把铁吸住，

就好像一位慈祥的母亲抱起自己的孩子。磁石在汉代前也被写作慈。成书于春秋末年的《山海经》的北山经，记载了工匠韩之水"西流注于拗泽，其中多磁石"。所以，中国关于磁石性能的认识，应该早于春秋末年。

在2200多年前的战国时代，中国人就已懂得了磁石的这种吸铁的原理。在汉代，有关于磁石能吸铁的明确记载。西汉时成书的《淮南子》有"若以磁石之能连铁也，而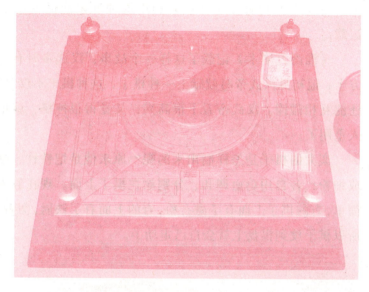求其引瓦，则难矣""及其与铜则不通"的记载。在西方，据说是苏格拉底（公元前470—前399年）发现了磁石，算起来比中国至少晚了100年。

关于磁石吸铁的特征，古人也多有记述。《吕氏春秋》说："慈招铁，或引之也。"东汉时王充把这种现象与静电的吸引现象归结为"气性"的相同。东晋的郭璞也认为："慈石吸铁……气有潜感，数有冥会。"这些都是用"元气论"的观点来作解释。宋、明时期，有"磁石吸铁，隔碍潜应""神与气和，隔阂相通，犹如磁石之吸铁也"之类的说法，都是用"元气论"来解释磁性，企图说明磁石与铁之间在一定距离或隔着某些物体仍能相吸的道理。这些解释已表明当时磁石的使用已相当普遍，人们对磁性现象的观察和认识已相当深入。

西汉时，人们虽然不知道磁体有两个极：N极和S极；也不知道同性极相互排斥、异性极相互吸引这些科学原理，但对磁极同性相斥、异性相吸的现象也有初步认识。《淮南万毕术》和《史记·封禅书》均有方士斗棋时利用这种现象使棋子相吸与相斥的记载。

《淮南万毕术》记载了这样一个故事：汉武帝时有个叫栾大的方士，他初见汉武帝时就献上一种棋子，这种棋子不仅会自动走动，还能互相碰撞。汉武帝看了很高兴，又觉得很神秘，就把栾大这个人重用了。

栾大的棋子是怎样制出来的呢？原来他是把铁针、磁石分别磨成细粉，各自用鸡血调和，分别涂在棋子上面。现在看来，道理很简单，有的棋子上面有了磁石粉，有的上面有了铁屑，两者互相吸引，所以棋子放到棋盘上就会自己走动了。

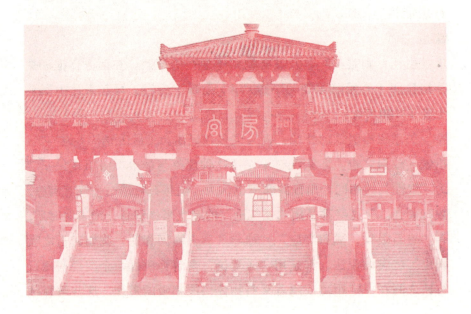

而六朝人撰写的《三辅黄图》中，也有关于利用磁石"同性相斥、异性吸引"的记载。传说在秦始皇时代，在中国陕西省长安县西北建造了一座大宫殿——阿房宫。这座宫殿建造得十分奇特，带着铁器的人一进宫殿的大门，立刻就会被吸住，走不动了。这又是怎么回事呢？原来宫殿的大门柱是用磁石砌成的，所以这个大门柱就成了秦始皇的卫士，谁想带铁器进去刺杀秦始皇，一进这个大门就会立刻被发现。

　　古代瓷工烧白瓷时，常用磁石从釉水中吸取铁屑，以免瓷坯受铁屑的沾污，从而烧出洁白的瓷器来。古籍中还有用磁石的磁性治病的一些记载。北宋初年，医学上已用磁石来治小儿误吞针，方法为"用磁石如枣核大，磨令光，钻作窍，丝穿令含，针自出"。南宋的严用和记叙了用磁石治耳聋的实例：用棉花包黄豆粒大小的磁石塞入耳中，同时口中含铁块，耳朵中会呼呼作响使听力恢复。李时珍的《本草纲目》中也有不少利用磁石吸铁做外科手术的记载。到了现代，已发展为一种专门的磁性治疗法。在制药过程中，由于铁制的杵臼往往会有碎屑混在药里，人们也往往用磁石吸去杵头的铁屑。

　　我们的祖先不仅很早就发现了磁石的吸铁性，还发现了磁石的指极性。每块磁铁两头都有不同的磁极，一头叫S极，另一头叫N极。我们居住的地球，也是一块天然的大磁体。在南北两头也有不同的磁极，靠近地球北极的是N极，靠近地球南极的是S极。由于同性磁极相排斥，异性磁极相吸引，所以，不管在地球表面的什么地方，拿一根可以自由转动的磁针，它的N极总是指向北方，S极总是指向南方。如果拿一根棒状的磁石，用绳子系在中间，悬空吊起来，无论你怎样拨动，待它停下来之后，一端总是指向南方，一端总是指向北方。这就是磁石的指极性。

　　中国古代的劳动人民正是由于认识了磁石的这种指极性，才用来制造了各种指示方向的工具。指南针的雏形最早大约出现在战国时期，它是用天然磁石制成的，样子像一把汤勺，圆底，可以放在平滑的"地盘"上并保持平衡且可以自由旋转。当它静止的时候，勺柄就会指向南方。古人称它为"司南"。司，即"指"的意思。因为这种磁勺式的司南只有放在地盘上才能使用，所以也叫做罗盘磁匙。司南就是指南针的前身，是世界上最早的指南针。

关于司南的记载，从战国、秦汉、六朝以至隋唐，均有不少。如战国时期的韩非，在他的《韩非子·有度篇》这篇文章中，就有了"立司南以端朝夕"的记载，"端朝夕"就是正四方的意思。

东汉的王充，在他的著作《论衡》中对司南的形状和用法做了明确的记录。司南是用整块天然磁石经过琢磨制成勺型，勺柄指南极，并使整个勺的重心恰好落到勺底的正中。勺置于光滑的地盘之中，地盘外方内圆，四周刻有八干（甲、乙、丙、丁、庚、辛、壬、癸）、十二支（子、丑、寅、卯、辰、巳、午、未、申、酉、戌、亥）、四维（乾、坤、巽、艮）共二十四向，用来配合司南定向。这样的设计是古人认真观察了许多自然界有关磁的现象，积累了大量的知识和经验，经过长期的研究才完成的。

司南的出现是人们对磁体指极性认识的实际应用。汉朝的"司南"也被用来占卜，占卜术士用它在占卜板上旋转来推测"凶吉"。古人在使用司南的漫长岁月中发现了它的缺点：天然磁体不易找到，在加工时容易因打击、受热而失磁，所以司南的磁性比较弱。同时，它与地盘的接触处要非常光滑，否则会因转动摩擦阻力过大，而难于旋转，无法达到预期的指南效果。而且司南有一定的体积和重量，携带很不方便。另一方面，北宋以前，我国已发现用钢铁在天然磁铁上磨过以后也会产生磁性，而且比较稳固，这就是人造磁铁。综上原因，司南长期未得到广泛的应用，后来逐渐被淘汰了。

黄帝的指南车

　　在中国古代，还有一种指示方向的工具叫指南车。长久以来人们常把它同指南针混淆，事实上它们是两类性质完全不同的指向工具。指南车是一套能自动调整的齿轮系统，在车上安装一个指针，可借一种连续的修正作用，使指针在车子移动改变方向时仍然保持它指向原来的方向，所以它是靠机械作用之精巧设计而制造的，与

磁性无关。

　　指南车的工作原理是：车厢内部设置有一套可自动离合的齿轮传动机构。当车子行进中偏离正南方向，向东（左）转弯时，东辕前端向左移动，而后端向右（向西）移动，即将右侧传动齿轮放落，使车轮的转动能带动木人下方的大齿轮向右转动，恰好抵消车辆向左转弯的影响，使木人手臂仍指南方。当车子向西（右）转弯时，则左侧的传动齿轮放落，使大齿轮向左转动，以抵消车子右转的影

响。而车子向正前方行进时，车轮与齿轮是分离的，因此木人手臂所指的方向不受车轮转动的影响。如此，不管车子的运动方向是东西南北，或不断变化，车上木人的手臂总是指向南方，起着指引方向的作用。

相传在4000多年以前，那时中国处在奴隶社会，同一个血统的人组成一个个的部落，部落之间经常发生战争。在我国南方有一个九黎部落，他们的首领叫蚩尤。有一年，蚩尤带领九黎族进入了中部地区，和炎帝族发生了冲突，把炎帝一直赶到涿鹿。炎帝族没有办法，只好向黄帝族的首领黄帝求救。于是，黄帝和炎帝联合起来，同九黎族进行了一场激烈的战争。这场战争发生在涿鹿，所以称为"涿鹿之战"。在战争中，恰巧出现了大雾，黄帝为了克服雾中作战的困难，就发明了一种指南车来指示方向。有了指南车，他的军队在大雾中就不再迷失方向，最后终于打败了九黎族。

还有一个传说，在3000多年前，南方有一个越裳氏部族，带了礼物到西周来朝贡。西周统治者周公担心越裳氏的使臣回去的路上迷失方向，就特地造了指南车送给他。

这些传说无从查考，事实上的指南车起自何时，难以做出非常明确的判断。不过就魏晋以来的记载，以《晋书·舆服志》、左思《吴都赋》观之，东汉时代已经普及。

关于指南车的记载，据《南齐书·祖冲之传》的记述，参照《三国志·魏书》谈到指南车的史料，指南车很可能由三国时的著名机械家马钧首制。

史书记载确凿制造出指南车的第一人是东汉大科学家张衡。张衡是我国古代一位在思想、文化、艺术、科学、技术等各个领域都有杰出贡献的伟大学者。张衡制造出了观察天象的"浑天仪"，是世界上最早的天象仪。张衡还制造了预报和记录地震的"地动仪"，比欧洲人发明的地震仪早1700多年，是世界上第一台地震仪。张衡在数学、物理、地理和机械制造方面都有很高的成就。在文学方面，张衡是东汉名重一时的大诗赋家。这样一位大学者，官运不亨通。公元121年，汉安帝刘祐免去了张衡的太史令职务，转任更加卑微的司马令。就在此时，汉安帝命令张衡制造指南车。

经过3年的苦心思索、反复研究，张衡终于制造出了指南车，使传说变成了现实。他同时还制造了记里鼓车。延光三年（公元124年）二月十三日，汉安帝刘祐前往泰山祭典。走在皇驾最前面的是一辆两轮小车，车上高立一木人，手始终指向南方，这就是张衡奉命制造成的指南车。紧跟车后边的是一辆记里鼓车，是用来专门计算车仗行走的里程的。由于张衡的这种非凡的制造才能，被当时人尊称为"木圣"。

继张衡之后，三国时期魏国人马钧又制造出了指南车。不幸的是，马钧制造出的指南车失传了，连制造原理也没有在文献上记载留存下来。

继马钧之后，造指南车者不乏其人。后秦时，皇帝姚兴曾让令狐生制造了一辆指南车，可惜那辆指南车在后秦灭亡时，作为战利品被运到建康。由于年久失修，机件散落，指南功能丧失了。

到北齐时期，齐王萧道成忽然有一天想起指南车这个奇宝来，他让当时著名的学者祖冲之制造指南车。祖冲之是一位很有开拓精神的伟大的科学家，他在天文历法、数学、机械等多门科学上都取得了杰出的成就。祖冲之制造的指南车，被当时人认为是"马钧以来未有也"。

到北宋时代，燕肃于公元 1027 年又制造出了指南车，吴德仁于公元 1107 年也制造出了指南车。他们俩人制造的指南车实物没有被保存下来，但制造原理却在《宋史》中记载了下来。原来他们的指南车是用差动齿轮原理制造的。在车厢内，中央安装一只大平轮，上面竖一长轴，轴上有一木人；左右各装一小平轮；外侧各装一立齿轮，能够跟随左右的行走轮转动。指南车前行时须先将木人之手指向正南方。当马拉车前行时，如果左转弯，右边的行走轮就带动立齿轮而牵动小平轮，小平轮又使大平轮向相反的方向转动，因此木人的手仍旧指向正南方。同理，如果车子右转弯，大平轮也相应地作反方向转动，木人的手也依然指向正南方。解放后中国历史博物馆根据文献记载复制出了指南车的模型，现如今去历史博物馆参观时可以看到它。

指南车在古代虽仅作为帝王出行时的先驱车，但它在科技史上意义重大，因为它是一种控制机械，西方学者认为中国古代发明的指南车是近现代一切控制机械的祖先之一。

这种靠差动齿轮装置来指方向的发明，在现代坦克中又一次发挥了它的作用。因为坦克是钢壳，震动又剧烈，磁性罗盘不能在其中正常工作，就要求助于这种装置。对中国科学与文化作过深入研究，并且对中西科技史进行了比较的英国科学家李约瑟，认为"指南车是人类历史中第一具稳定作用机械"，涉及自动控制的原理，是"中国文化区域所特有"的发明。

由此可见，指南车也是中国古代的一项超过西方和其他文明的重要独特创造，值得我们自豪。不过，它的作用和意义远不及指南针重大。

人造磁铁

大约在北宋的时候，我们的祖先就发现铁片在磁石上磨过之后也带上了磁性，利用这一发现，便制造了人造磁铁。人造磁铁究竟是怎么一回事呢？

原来，无论在磁化或者没有磁化的钢铁里，每一个分子都是一根"小磁铁"。没有磁化的钢条，

它的分子毫无次序地排列着，"小磁铁"的磁性都互相抵消了。磁化了的钢条，所有的小磁铁都整整齐齐地排列着，同性的磁极朝着一个方向。不用说，整个钢条就具有磁性了。如果拿一块磁铁，紧紧擦着一根没有磁化的钢条，总是从这一头向另一头移动，那么，由于磁铁的引力，普通钢条中的分子也都顺着一个方向排列起来，这样，就完成磁化的工作了。我国人民就是利用人造磁铁做了"指南鱼"。

这种指南鱼是用一块薄薄的铁片做成，形状像一条鱼，约两寸长、五分宽，鱼肚部分凹下去一些，就使它像小船一样可以浮在水面上。但是，由铁片做成的鱼还不具有磁性，所以没有指南的作用。当时的人们采取人工磁化的办法，使它变成磁铁，具有磁性。怎样进行人工磁化，书里面没有详细的记载，只是说指南鱼要收藏在一个密封的盒子里。由此推测，当时的人工磁化是把铁片鱼和天然磁铁一同放在密封的盒子里，它们接触的时间久了，铁片鱼就有磁性了，也就变成了指南鱼。

指南鱼能浮在水面上，鱼状铁叶中间一定稍微凹下，如一只小船。它具有磁性靠的是地磁场磁化法，即当一块铁（特别是钢）加温到600—700℃，并按地球磁场的方向放置迅速冷却时，它就会磁化。此种现象即现在所说的热残效现象。这种磁化方法已为北宋甚至更早的中国科学家所知，用来制作指南鱼。这种磁化作用较弱，不如用磁石摩擦法，但优点是在没有磁石时也可以得到有磁性的指向仪器。

北宋初年，由曾公亮主编的一部军事著作《武经总要》，就有关于指南鱼的记载。书中明确谈到利用磁铁指极性制作的《指南鱼》及其制作方法。指南鱼是军用车队在昏晦天气和夜晚行进不能辨别方向时，用来辨识方向的工具，其制法是："用薄铁叶裁成二寸长半寸宽的鱼形，头尾较尖，置炭火中烧到通红，用铁钳夹头部取出，使其尾朝北（子位）放置，就此位置用一盆水使其尾入水约数分，然后以密器收藏。用时，取装满水的小碗一只，在无风处，将鱼小心平放使其浮在水面，这样鱼头就指向南方（午位）。"

《武经总要》一书完成于北宋仁宗庆历四年（公元1044年）。这证明，在公元1044年之前，中国已有了指南鱼，并且已应用到军事上去，比欧洲最早知道它的公元1190年早一个半世纪。

指南鱼用起来比司南可方便多了。行军的时候，不需要携带光滑的底盘，只要有一碗水就可以了，把它浮在水面，铁片鱼就能指南。盛水的碗即使放得不平，也不会影响指南的作用，因为碗里的水面总是平的。而且，由于液体的摩擦力比固体小，转动起来比较灵活，所以它比司南更灵敏、更准确。但是，它也有美中不足的地方，用人工磁化法所获得的磁体磁性较弱，因而影响到它的实用价值。

铁片指南鱼发明不久，人们又创制出了真正的指南针。指南针的发明有赖于人工磁化方法的发明，而最先的发明者是风水先生。沈括（公元1031—1095年）在《梦溪笔谈》里说："方家以磁石摩针锋，则能指南。"公元1041年北宋天文学家杨惟德在《茔原总录》中说，当时的风水先生已经使用指南针，并与罗经盘配套来测定方向，这种指南针也是人工磁化法获得的，至此，人工磁化的指南针成了更简便、更有实用价值的指向仪。以后，各种名目繁多的磁性指向仪，都是以这种磁针为主体，只是磁针的形状、装置方法有些变化罢了。

人们用一根钢针，放在磁铁上磨，使钢针变成磁针，就可以指南了。那么这枚磁针怎样装置来指南呢？关于磁针的装置方法，沈括在《梦溪笔谈》中记载了四种方法及其优缺点。这四种装置法是：一、取一段灯芯草，把磁针横穿在灯芯草上，然后使其浮在水面，磁针就能在水面上转动而指向南方。这种装置方式为水浮法，后世基本上使用这种方式。其缺点是因为水是液体，容易摇荡，影响定向效果；二、把磁针放在指甲上，这种装置方式磁针转动容易、迅速，但因指甲坚滑，磁针容易坠下；三、把磁针放在碗唇上，磁针容易转动，但也容易坠下；四、在磁针腰部涂上一点蜡，粘在一根从新茧中抽出的丝线上，然后悬挂在无风处。沈括称第四种方式最好。

沈括的记载，可以说是世界上指南针使用方法的最早记录了。

直到 19 世纪现代电磁铁出现以前，几乎所有的指南针都是采用这一种人工磁化法制成的。这时，指南针在它的发展史上，已经跨过了两个发展阶段，而成为一种更为简便、更为实用的指向仪器。此后各种名目繁多的磁性指向仪器，都是以这种磁针为主体，只不过磁针的形状和装置法有所变化罢了。

在沈括的记述中还提到，用磁石摩擦后磁化的钢针有指南的，也有指北的。在他自己收藏的磁针中两种皆有，他尚不明白其中的道理。近代磁学已经揭开了其中的奥秘，即磁体有南北二极，由于同性相斥、异性相吸的作用，用磁体的北极磨针锋，针锋所得的磁性为南极，磁针在磁场的作用下就会指北；反之，则针锋所得的磁性为北极，磁针就会指南。因此，磁针既有指南的，也有指北的。现在人们常用的磁针两端都做成尖状形，故可同时指示南北方向。

南宋陈元靓在他撰写的《事林广记》中，还介绍了当时民间曾流行的有关指南针的另外两种装置形式，就是木刻的指南鱼和木刻的指南龟。

指南鱼不是铁的，而是把木头刻成鱼的形状，再把木头鱼的肚子挖空，装上磁铁，然后用黄蜡封好，把它放在水里或者顶在一根极细的针尖上，鱼头或鱼尾指示的方向就是南北方向。后来再进一步发展，把铁针磁化，就出现了比指南鱼更灵敏、轻便、准确的指南工具，这就是指南针。

木刻指南鱼是把一块天然磁石塞进木鱼腹里，让木鱼浮在水上而指南。木刻指南龟的指南原理和木刻指南鱼相同，它的磁石也是安在木龟腹里，但是它有比木鱼更加独特的装置法，就是在木龟腹部下方挖一个小穴，然后把木龟安在竹钉上，让它自由转动。这就是说，给木龟设置一个固定的支点，拨转木龟，待它静止以后，它就会指向南北了。

指南针是我国古代劳动人民经过长期实践的产物，是我国古代科学上的一项伟大发明。指南针发明以后，发展很快，形式多种多样。

人们不断地总结经验，进行改革，使指南针越来越完善，出现了像我们现在用的这样的指南针。两头尖尖的小针，哆哆嗦嗦地晃

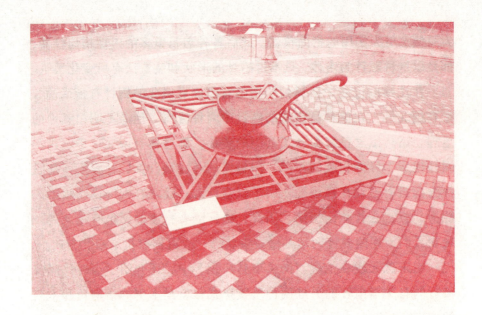

动着，不管怎样移动，一直指向南北。顶着小针的一根小立柱，固定在一个刻度盘上，很快地就能辨别出你所要知道的方位。这样的指南针就简单方便多了，既便于携带，又不受风、水的影响，还比较准确灵敏。

为什么说是比较准确而不说是十分准确呢？因为指南针所指的方向，并不是正好指向地球的南极和北极，而是稍有偏差的。

地球有南极和北极。通过地面上某一点包括地球自转轴在内的平面（即子午面）和地球表面的交线，称为该点的"真子午线"，又叫经线。地球又有磁南极和磁北极。这两个极和地球的南北极并不在一个地方。磁南极在南罗斯海西部南极洲的沿岸附近，离南极大约 1600 千米左右。磁北极在加拿大北海岸以北，离北极大约也有 1600 千米的地方。通过地面上的某点及地球磁南北极的平面和地球表面的交线，称为该点的磁子午线。这样，地球子午线和磁子午线就有了交角。这个交角叫磁偏角。磁偏角的度数随着时间地点的不同，而有所变化。沈括首先发现了这个偏差。他总结了前人对地磁认识的经验，又经过多年的观察计算，才得出了"磁石磨针锋利则能指南，然常微偏东，不全南也"的重要结论。

对于沈括所提到的指南针"常微偏东，不全南也"的现象，宋代药物学家寇宗奭在其作于公元1116年的《本草衍义·磁石条》中进一步进行了量化说明："磨针锋则能指南，然常偏东，不全南也。其法取新矿中独缕，以半芥子许腊，缀于针腰，无风处垂之，则针常指南。以针横贯灯芯，浮水中，亦指南，然常偏丙位。"即指南针指的非正南，而是为正南偏东15度。

欧洲直到15世纪，哥伦布在发现美洲新大陆的首次航行中，通过罗盘针的漂移现象，才发现了磁偏角。但是哥伦布在这次航行的当时，却隐瞒了这件事，怕因此引起大家的惊慌，不然大家就会强迫他返航的。这说明欧洲人发现磁偏角比中国晚了大约400年左右。

罗盘的出现和应用

众所周知，指南针的发明和传播，在航海史、文化史上皆极重要，对人类文明发展史的进程有巨大的影响。罗盘有很多别名，又名地螺、罗钟、针盘，是指南磁针与分度相配合、装置而成的一种具体辨正方向的仪器，其前身是"司南"。

汉代王充在《论衡·是应篇》中明确记载："司南之杓，投之于地，其柢指南。"

正如在使用"司南"时需要有"地盘"配合一样，在使用指南针的时候，也需要有方位盘相配合。最初人们使用指南针指向是没有固定方位盘的，沈括所记载的几种方法都没有方位盘。不久之后，就发展成磁针和方位盘连成一体的"罗经盘"，或称"罗盘"。罗经盘的出现，无疑是指南针发展史上的一大飞跃，人们只要一看磁针在方位盘上的位置，就能定出方位来。

按磁针的支承方式，可将罗盘分为水罗盘和旱罗盘两大体系。旱罗盘和水罗盘的区别在于：前者的磁针是以钉子支在磁针的重心处，并且使支点的摩擦阻力十分小，磁针可以自由转动。显然，旱罗盘比水罗盘有更大的优越性，因为磁针有固定的支点，很稳定，更有利于使用。

早在12世纪，我国堪舆家已发明了旱式圆形堪舆罗盘。关于记载罗经盘的文献，最早见于南宋，《因话录》中写道："地螺或有子午正针，或用子午丙壬间缝针。"这里的"地螺"，就是地罗，也就是罗经盘，这是一种堪舆（测量地形、方位）用的罗盘。这时候已经把磁偏角的知识应用到罗盘上，这种罗盘不但有子午正针（是以磁针确定的地磁南北极方向），还有子午丙壬间的缝针（是以日影确定的地理南北极方向），两个方向之间有一夹角，这就是磁偏角。南宋堪舆旱罗盘的发现和研究，为探索磁针、罗盘的西传提供了新的线索。

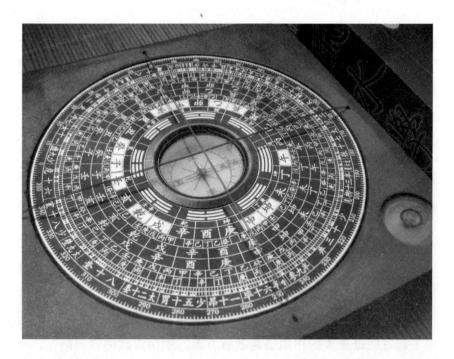

堪舆旱罗盘是经天纬地的工具，堪舆师使用罗盘格龙、立向和消砂纳水，为人们选择相对理想的居住、丧葬环境。罗盘因流派和产地的不同而各异，层数或多或少，体制复杂，内容各异。各种罗盘的层数加起来共有五十多层。然而，罗盘的精髓却只有少数几层，最基本的只有三盘：地盘、人盘和天盘。其他诸盘是对三盘的注释和进一步的具体化，是为三盘服务的。

罗盘由指示方向的磁针和占测方向的占盘组成。指南针位于罗盘的中心，它的周围是占盘，占盘是由按同心圆次序布列若干层以一定规律和原理排列的数字符构成的方位盘。罗盘中间有一层24个方位，从北方开始依次排列分别是壬子癸、丑艮寅、甲卯乙、辰巽巳、丙午丁、未坤申、庚酉辛、戌乾亥等。

在中国古代，罗盘除了用于祭祀、礼仪等场合和行军作战，以及占卜和看风水时确定方位之外，它在人类历史上起过的最重大的作用是在航海方面。中国古代的"司南"，至南宋时发展成航海罗盘。

中国最初用于航海的水罗盘就是浮针，浮在水面的指南鱼也属此类，后来就是用横贯着灯芯而浮在水面上的指南针。南宋朱继芳在航海诗中说："沉石寻孤屿，浮针辨四维。"这"浮针"就是水罗盘。

南宋时吴自牧所著《梦粱录》中记载："风雨冥晦时，惟凭针盘而行，乃火长掌之，毫厘不敢差误，盖一舟人命所系也。"虽仍只在"风雨冥晦时"用，但指南针的重要性已表达得很清楚突出了。

明代航海家郑和从公元 1405 年起"七下西洋"，其伟大的成就，全赖罗盘指航。这种航海上的应用，对于指南针的技术改进起到了重大的推动作用。航海所用的指南针，除了"水罗盘"之外，还有"旱罗盘"。

旱罗盘是用一根尖的支柱，支在磁针的重心处，尽量减少支点的摩擦力，使磁针能在支柱上自由灵活转动以正确指向南方或北方。旱罗盘比水罗盘要更优越，因为它有固定的支点，不像浮针会在水面上游荡，更加稳定准确。

从史籍上看，中国原来主要使用的是水罗盘，后来从日本和西方航海术中引进了旱罗盘，逐渐取代了浮针法。不过旱罗盘那种磁针固定支点的装置法，其最初发明仍起源于中国。

沈括所说四种指南针装置法中的三种，即碗沿旋定法、指甲旋定法、丝缕悬置法，都属于此类。南宋时旱法又有进步，在陈元靓所著《事林广记》中记述的当时两种指南针装置很值得注意。这两种装置就是前面叙述过的指南鱼和指南龟。指南龟由于重心下移，固定支点就比碗沿、指甲之类稳定，指南针不容易滑下来，比较实用。在此基础上再加改进就不难了。所以，我们可以说，这种指南龟的装置，是旱罗盘的始祖。

开创航海新纪元

你乘轮船在海上航行过吗？那可是别有一番风味。大海，多么辽阔的大海呀！向远处望去，水天相连，天水一色，没有尽头。那一望无际而又深邃莫测的大海，会使你惊叹不已。人要征服这大海，

真的不容易呀！

但是大海终归被人们征服了。多少年来中国劳动人民和大海打交道，摸到了大海的脾气。更可以在大海上航行，和各国人民互相来往。

指南针作为一种指向仪器，在中国古代军事、生产、日常生活、地形测量上都起过重要作用。指南针的最大业绩是它大大地促进了航海事业的发展。可以说，正是因为指南针由风水先生手中转到了航海家的手中，被用作航海的导向仪器，赋予它新的生命力，并使它发挥了巨大的作用。

中国不但是世界上最早发明指南针的国家，而且是最早把指南针用于航海事业上的国家，这在人类文化史上有非常重要的意义。海船从此有了"眼睛"，人们在海上航行，再也不怕迷失方向，航海事业就更加发达了，这就必然促进各国之间的经济贸易和文化交流。

中国的海上交通可以追溯到2200多年以前，秦始皇派人乘船大规模地航海，为他寻找仙药。秦汉时期，我国就已经同朝鲜、日本有了海上往来。晋朝有个著名的和尚叫法显，曾经走海路到过印度，还写了一本《佛国记》。根据这本书的记载，当时一只海船大约可以乘坐200人。到了唐代，中国的海上交通更加频繁，海船有的长达20丈（1丈＝3.3米），可以乘坐六七百人，可见规模之大。当时中国海船的活动范围东起广州、西至波斯湾，是南洋各国之间海上运输的重要力量。根据一些外国人的记载，那时候在波斯湾各口岸停泊的大船，大部分是中国的。到了宋代，海上交通得到了进一步的发展，中国的庞大商船队经常往返于南太平洋与印度洋的航线上。这种海上交通的迅速发展和扩大，是同指南针在航海上的应用分不开的。

在指南针用于航海之前，航海者是利用日月星辰来判定方向的，也就是根据日、月的东升西落，北极星的方位等，来判定航向。航海者还从天象的观测中，建立了专门的航海天文学，称之为"过洋牵星术"。但是，如果遇到阴雨天气，看不到日月星辰，那么在茫茫的大海中就无法分清东西南北，极易迷失航向，甚至发生海难事故。唐文宗开成三年（公元 838 年），日本和尚圆仁来中国求法，后来写成的《入唐求法巡行记》一文，就是描述在海上遇到阴雨天气时无法航行的混乱情景的。

指南针的出现首先可以弥补天文导航的这种致命缺陷，因而很快引起了航海者的重视。也就是说，指南针使人们获得了全天候航行的能力，再也不会在阴雨天气时因看不到日月星辰，分不清东西南北而迷失航向了。

中国最早用指南针于航海，是在北宋时期。

初期，指南针仅仅是被用作天文导航的辅助工具，即在阴雨天用来指引航向。北宋徽宗宣和年间（公元 1119—1125 年），朱彧写了一部《萍州可谈》，评述了当时广州航海业兴旺的盛况，同时也记述了中国海船在海上航行的情形。书中讲到，当时海船上的人们为辨认地理方向，晚上看星辰，白天看太阳，阴天下雨就看指南针。公元 1124 年，宋代徐兢在出使高丽回国后写的《宣和奉使高丽图经》中也说，在大洋中船舶无法停航，只有依靠星辰的方位来测向向前驰；如果遇到阴雨天气，就用指南浮针来度量南北方向，以引导航行。这时还只是在日月星辰看不到的日子里才使用指南针，这是由于人们对靠日月星辰来定位有 1000 多年的经验，而对指南针的使用还很不熟练。

随着指南针在海上航行的不断应用，人们对它的信赖也与日俱增，南宋以后指南针便逐步成为主要的导航仪器，天文导航则降为辅助地位。南宋淳祐年间（公元 1241—1252 年），朱继芳在《静佳乙稿》中的航海诗里说"浮针定四维"，正反映了指南针导航地位的提高。南宋初年的赵汝适写了《诸蕃志》一书，书中记载了应用指南针的事。他乘船从泉州到海南岛去，看到大海苍茫无际，天水一色，船舶往来，惟以指南针为准，昼夜都要观看，差一毫一厘都有生命危险。南宋吴自牧在他所著《梦粱录》里记述，海船由泉州出港，开向东南亚、印度洋一带，经过险要航道的时候，"近山礁则水浅，撞礁必坏船，全凭南针，或有少差，即葬鱼腹"，说明指南针在航海中的重要作用。所以南宋朱继芳用"浮针定四维"的诗句来赞扬指南针的功用。

　　到了元代，指南针一跃而成为海上指航的最重要仪器，不论冥晦阴晴，都要利用指南针来指航。这时，已专门编制出海上航线的罗盘针路，船行到什么地方，用什么针位，在一路航线上都一一标识明白。元代的《海道经》和《大元海运记》里都有关于罗盘针路的记载。

　　到了明代，海上航行更是依仗指南针，明巩珍在《西洋番国志·自序》中说："浮针于水，指向行舟。"明张燮在《东西洋考·舟师考》里也说："鼓桅扬帆，截流横波，独恃指南针为导引。……凭其所向，荡舟以行。"从此，指南针成为中国古代航海中不可缺少的工具。

　　明朝时，我国是世界上经济比较发达的国家，需要同海外各国加强经济文化交流。明初，政府派郑和从公元 1405 年到 1433 年，前后七次远航。那时候，我国把现在的南洋群岛和印度洋一带称为"西洋"，郑和七次下西洋，这在历史上是一个壮举。郑和率领的船队，共 27 000 多人，乘坐大船 60 多艘。这些大船被称为"宝船"，最大的长 40 丈，宽 18 丈，是当时海上最大的船只。这支船队到过印度支那半岛、南洋群岛、印度、波斯和阿拉伯的许多地方，最远到过非洲北岸，前后经过 30 多个国家。

郑和七次下西洋，扩大了中国的对外贸易，促进了东西方的经济和文化交流，加强了中国的国际政治影响，增进了中国同东南亚及东非各国的友谊。他这样大规模的远海航行之所以安全无虞，全靠指南针的指航。郑和船队从江苏刘家港出发到苏门答腊北端，沿途航线都标有罗盘针路，在苏门答腊之后的航行中，又用罗盘针和牵星术相辅而行。可以说，指南针为郑和七下西洋和开辟到东非航线提供了可靠的安全保证。

有了指南针，人们在航行中，还慢慢摸出一条航路来。为了保证导航的准确性，航海者特地在船舶上设置了专门放置指南针的场所，叫做"针房"。针房由具有丰富航海经验的人——火长专门掌管。南宋吴自牧在《梦粱录》一书中说，出海时，风雨阴晦的天气只有依靠指南针来导航，由船上的火长专门负责，不敢有毫厘的误差，因为这关系到全船人员及财物的安危。巩珍在《西洋番国志》中也说，选取民间经常驾船下海的艄公担任火长，把针经和航海图交付给他，由他专门负责，这项工作事大责重，不能容许有丝毫的怠慢和疏忽。这些记载，表明了指南针在航海中的意义和火长职责之重大。

同时，指南针的应用促使航海事业从定性导航进入到定量导航的时代，从而使航海者可以更准确地掌握航线上的情况，这就出现了航海专用的航海图和针经。

航海图和针经最早大约出现在宋代。元、明两代，中国许多书籍记载着到海外各国去的航路，这些航路因为是依靠指南针得来的，所以当时称为"针路"。宋元已经有关于针路的专门著作问世。元代的《海道经》《大元海运记》里都有关于罗盘针路的记载。元周达观写的《真腊风土记》里，除了描述海上见闻外，还写到海船从温州开航，"行丁未针"，这是由于南洋各国在中国之南部，所以海船从温州出发，要用南向偏西的丁未针位。

根据针路来绘制航海图，或者写成记录针路的专书，叫"针经"，又叫"针谱""针簿"。在航海图和针经中，罗盘上的360度分成24等分，分别标出方位名称，相隔15度为一向，叫"正针"，也叫"单针""丹针"；两正针夹缝之间也为一向，叫"缝针"。因而罗盘实际上标有48个方位。针经实际上是一种航海指南书，一般都记有从某地开航、航向、航程、船至某地等详细内容，有的还记录有海上的各种危险物的位置，如沙滩、暗礁、水草、沙洲、岩石等。宋《宣和奉使高丽图经》一书中，就附有航海图，是根据出使朝鲜时船舶所经过的岛屿、沙洲、暗礁绘制的。明人写的《郑和航海图》和《两种海道针经》，在针经和航海图中，详细地记录了中国船舶在东北亚、东南亚、印度洋以及东非和东北非航行的航线。直到16世纪初葡萄牙人在东南亚航行的时候，仍然使用中国绘制的"针路"。针路著作和海图的出现，标志着当时航海术的重大进步。

指南针在航海中的应用，是航海史上的重要事件。它使人们取得了在大海中航行的自由，有力地推进了航海事业的发展，开创了航海事业的新纪元。

指南针的传播

　　中国是最早把指南针用在航海上的国家。中国的指南针大约是在公元 12 世纪末到 13 世纪初由海路传入阿拉伯国家，然后再由阿拉伯国家传入欧洲的。

　　宋朝时，中国的科学技术已经十分发达，航海技术发展也很迅速。因此，这一时期，中国同阿拉伯和波斯等周边国家之间的贸易往来和文化交流也十分频繁。当时，许多阿拉伯商人和波斯商人从中学习和掌握了中国的指南针及其应用技术，回国以后，也就把指南针传入阿拉伯国家，再由阿拉伯国家传到欧洲，并在此基础上进一步发展创造。据说在公元 1180 年，罗盘被阿拉伯人称为"水手之友"。阿拉伯和波斯都按中国罗盘采用四十八分向法。

　　指南针用于航海，带来巨大的经济效益，为海上贸易的发展提

供了有利条件。罗盘很快被印度洋航海界所采用。在欧洲，意大利商船首先采用了罗盘，由此在地中海商业界引起了巨大的变革。特别是后来航海图的出现，能够确保船只沿着一定的航行方向安全航行，又可计算航行日程，确定船只所在的位置。13世纪初，宋代的赵汝适在泉州任市舶提举司使时，曾经看到过标有南海各地的外国地图，大约这就是早期的航海地图。该地图详细记录了沿途地点、里程和针位。航海者可根据计程辨别方向。

15至16世纪，欧洲的航海事业有了很大发展，欧洲人对中国的丝绸、印度的棉布、阿拉伯的化妆品、南洋群岛的香料、亚洲一些地方的珠宝首饰等都十分感兴趣。这一时期，有很多旅行家出版了关于东方财富的神话般的描述性质的书籍，令很多人对东方心驰神往，尤其是马可·波罗形容一些亚洲国家"黄金遍地，香料盈野"后，更引起西欧人的极大兴趣。在欧洲人的想象中，中国等东方国家仿佛是神话般的世界。15世纪，欧洲各国的国王、贵族、高级教士、商人和正在形成的资产阶级，都沉浸在"寻金热"之中，渴望到东方掠夺金银财富。连哥伦布都曾对金子发出感慨："金是一个令人惊叹的东西，谁有它，谁就能支配他所欲的一切。有了金，要把灵魂送到天堂，也是可以做到的。"

于是，西欧国家纷纷出巨资赞助探险家们寻找通往东方的新航路。公元1487年，迪亚士在葡萄牙国王的委托下，出发寻找非洲大陆的最南端，最终到达好望角；公元1492年，意大利人哥伦布在西班牙王室的资助下横渡大西洋，初次航行到美洲，发现美洲大陆；公元1487—1498年，葡萄牙人达·伽马在葡萄牙王室的支持下率船队开辟了从西欧到印度的新航路；公元1519—1522年，住在西班牙的葡萄牙海员麦哲伦率船队进行了第一次地球环行。这样，从欧洲绕过非洲或绕过南美洲到达亚洲的新航路全都被开辟出来。

新航路能够开辟成功主要有几方面的原因：首先造船业有了很

大发展，能够造出适合远洋航行的船只，经得起惊涛骇浪的冲击；其次地理学的发展，航海家们有了一定的地理知识，相信地圆学说，认识到从欧洲向西航行，可以到达东方；第三个重要条件是中国的罗盘针在欧洲得以传播，已经在海船上普遍使用，保证航行在浩瀚的大海上而不迷失方向。

在欧洲，最先仿制指南针的是法国人古约。直到公元1205年，古约在研究中国指南针制作技术的基础上，试制了欧洲最早的指南针。到了15世纪，罗盘制作在欧洲普及，广泛用于海上探险活动。罗盘针传入欧洲，欧洲人又加以改进和发展。

经过他们的研究发现，中国的旱罗盘虽然在磁针上有固定支点，并且比水罗盘优越，但是，在海上用它时，也有很多不方便的地方。例如当盘体随海船作大幅度摆动的时候，常常会出现磁针过分偏转倾斜而靠在盘体上不能转动的现象。为此，他们便决心改进。

公元 1560 年，意大利的卡尔达诺发明了新的磁针装置。该装置利用的是所谓三环式悬挂法，无论船怎样颠簸，磁针都能准确地保持水平状态。磁针指示的方位更加准确。但是，这种指南针比较适合于木船。随着铁船的出现，磁针受铁的影响而不灵。

16 世纪时，欧洲人制造出了一种现在叫做“万向支架”的常平架。该常平架主是由两个铜圈组成，并且两个铜圈的直径不一样，有一个大铜圈和一个小铜圈。小铜圈正好内切于大铜圈，而它们之间是使用了一个枢轴联结起来。然后，再把它们一起安装在一个固定的支架上，最后把旱罗盘挂在里面的小铜圈中。这样一来，无论船体怎么摆动，旱罗盘能够始终保持水平状态，从而在根本上解决了海船剧烈摇晃而影响罗盘针指向的问题。这是欧洲人在继承我国古代指南针制造技术基础上的创新与发展。

应该指出的是欧洲人发明的能够使旱罗盘始终保持水平状态的那种“万向支架”的常平架，其制造技术原理早在中国的汉晋时期就发明出来了。古书《西京杂记》中就有这样的记载，当时有个巧匠名叫丁缓，他制作了一个小香炉，犹如一个多孔小球，可以点上香后放在被窝中，无论小球如何滚动，炉灰始终不会撒出来，因此，他把这个小香炉叫做“卧褥香炉”。如果仔细观察研究这个小香炉的制造技术原理，我们就会惊奇地发现，它在多孔小球里联结着两个套起来的金属圈，点香用的炉缸就挂在内圈里，这同上述把旱罗盘挂在"常平架"的内圈里，原理上是十分相似的。但是，丁缓发明这种技术原理比上述欧洲人发明"万向支架"的技术原理要早1300多年。可见欧洲人的创造是在中国发明的基础上完成的。

公元 1874 年，英国人凯尔文在前人的基础上发明了不受铁的影响的罗盘仪。

到 19 世纪中叶时期，法国著名的物理学家傅科经过实验用陀螺准确测定地球子午线方位的方法。后来，傅科发现陀螺可作为罗盘仪使用，利用陀螺的轴在旋转时能准确固定地指着一个方向的原理，使它可以不受船的任何摇摆的影响，代替罗盘仪永远指向北的方向。

1900 年，德国的安休茨开始实验用陀螺代替罗盘仪，经过几年的苦心研究，1906 年，他制成了陀螺仪。1908 年，安休茨的陀螺仪装在德国的军舰上，并且陀螺仪不受铁的影响。与此同时，美国人斯佩里、英国人布劳恩等人也在积极研制陀螺仪。德国海军在安休茨陀螺仪的基础上，又吸收了他们陀螺仪的优点，制成了更加精确的陀螺仪。随后不久，陀螺仪普遍应用在世界各国的船舶上。

总之，中国的罗盘针在世界航海史上功不可没。指南针的发明，对世界航海事业的发展产生了深远的影响。